儿童情绪管理课

潘骥 著

你好，幸福的小孩

内 容 提 要

本书创作了22个小故事，旨在以故事的形式让孩子学会接纳自己、自信社交、积极探索、正视情绪，培养孩子的同理心、责任心、好奇心，在孩子的心中埋下幸福的种子，让他们更好地成长。本书适合3～10岁儿童及家长阅读。

图书在版编目 (CIP) 数据

儿童情绪管理课：你好，幸福的小孩 / 潘骥著.
北京：北京大学出版社，2025.3. —— ISBN 978-7-301-35907-5

Ⅰ. B842.6-49

中国国家版本馆 CIP 数据核字第 2025WS8651 号

书　　　名	儿童情绪管理课：你好，幸福的小孩 ERTONG QINGXU GUANLIKE: NIHAO, XINGFU DE XIAOHAI
著作责任者	潘　骥　著
责任编辑	杨　爽
标准书号	ISBN 978-7-301-35907-5
出版发行	北京大学出版社
地　　　址	北京市海淀区成府路205号　100871
网　　　址	http://www.pup.cn　新浪微博：@北京大学出版社
电子邮箱	编辑部 pup7@pup.cn　总编室 zpup@pup.cn
电　　　话	邮购部 010-62752015　发行部 010-62750672　编辑部 010-62570390
印　刷　者	河北博文科技印务有限公司
经　销　者	新华书店
	880毫米×1230毫米　32开本　5.5印张　80千字 2025年3月第1版　2025年3月第1次印刷
印　　　数	1–4000册
定　　　价	45.00元

未经许可，不得以任何方式复制或抄袭本书之部分或全部内容。
版权所有，侵权必究
举报电话：010-62752024　电子邮箱：fd@pup.cn
图书如有印装质量问题，请与出版部联系，电话：010-62756370

PREFACE
-前言-

寄宝爸宝妈

亲爱的宝爸宝妈们：

你们好！

我和你们一样，也是一位家长。作为家长，我时常问自己一个问题，也请大家想一下这个问题：我希望自己的孩子＿＿＿＿。我曾经填过许多答案——健康、快乐、优秀、自律……但归根结底，我希望自己的孩子幸福。不管你们的答案是什么，我相信这个答案没有人反对。但是，什么是幸福？怎么才能幸福？答案一定是千人千面的。积极心理学给我们的答案是，深入、持久的幸福感，来源于 5 个元素：积极情绪、参与感、人际关系、意义感、成就。

五年前，初次听到积极心理学的概念，我的第一反应是：这是心灵鸡汤。但是当我读了十余本有关积极心理学的著作，自修完美国宾夕法尼亚大学积极心理学专项课程，我发现自

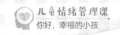

己武断了。积极心理学不是心灵鸡汤,而是一门科学。心灵鸡汤会告诉我们很多道理,唯独缺了执行方法,而这恰恰是积极心理学能够提供给我们的。通过每天记录三件好事学会感恩,通过微小的付出体验给予带来的快乐,通过用事实和数据反驳自己的负面不合理信念带来的习得性乐观,通过教我们如何设定和追求目标从而获得成就感……积极心理学针对每一种品质,提供相应的路径,让我们能够实现"积极幸福"。这种积极幸福,不是对自己说一句空话"我很棒",而是通过行为,通过实实在在的结果累积幸福的果实。

　　本书精心总结了积极心理学所倡导的培养积极心态、激发幸福感的方法,并将其融入 22 个小故事中。当然,这些内容只是积极心理学中微不足道的一部分。在育儿的过程中我竭力将这些理念付诸实践,深感受益匪浅。现在我想把这些体会分享给更多的家长,把这些品质传递给更多的孩子。愿每一个孩子都能获得幸福!

潘骥

CONTENTS
- 目 录 -

01 — 勇于拒绝——我不！ /001

02 — 感恩——倒霉的小鸭 /010

03 — 给予——王位继承人 /017

04 — 归属——沙粒的旅行 /025

05 — 接纳——我会干什么 /035

06 — 情绪理解——小猴的怪脾气 /041

07 — 控制愤怒——吼吼和等等 /049

08 — 情绪接纳——村里来了大怪兽 /056

09 — 勇敢反驳——"不行"和"不对" /062

10 — 害怕不丢人——黑大胆 /071

11 — 目标——我要更好！ /078

12 - 被爱——什么都会的小黑 /087

13 - 尝试——"好奇害死猫" /094

14 - 运动——大牛看病 /102

15 - 心理弹性——三个倒霉蛋 /109

16 - 控制——好运气和坏运气 /117

17 - 自责与推卸——都怪我，都怪你 /124

18 - 节制——越多越好 /131

19 - 沟通——我不是故意的 /138

20 - 悲观乐观——谁的功劳 /144

21 - 坚持——小兔子学本领 /150

22 - 幸福盾牌——不开心了怎么办 /158

23 - 感恩卡片 /165

01 | 勇于拒绝——我不!

要问谁是村子里最受欢迎的村民,那一定非小猪鼻鼻莫属。

"鼻鼻?他可是个大好人。你有什么需要帮忙的,找他准没错!上个星期一,我要布置树屋,但一个人忙不过来,于是就找鼻鼻帮忙,他二话没说就答应了。我们爬上爬下,从太阳刚出来,一直到月亮升起来,足足忙了一整天!"小猴子边说边在树屋的梯子上面上蹿下跳,最后用尾巴勾住树

干,荡起了秋千,别提多自在了。

"鼻鼻?他可是个大好人。你有什么需要帮忙的,找他准没错!上个星期三,我请他来家里品尝我亲手做的粪球刺身,他二话没说就答应了。我做了满满一桌子,他不但全吃光了,还不住地夸我手艺好。我觉得那天我的手艺超乎寻常地好,现在想想我还犯馋呢,真是开心!"小屎壳郎边说边滚着一个圆圆的粪球。回想起当时的情景,他不禁流出了口水。

"鼻鼻?他可是个大好人。你有什么需要帮忙的,找他准没错!上个星期五,我要练习接飞盘,但是我的搭档临时有事,于是我就找鼻鼻帮忙,他二话没说就答应了。

勇于拒绝——我不！

我们在草地上跑啊跳啊，飞盘在空中飞过来，飞过去，真带劲儿！"小狗边说边一下一下地抛着飞盘，还时不时做出几个花哨的动作，别提多灵活了。

"鼻鼻？他可是个大好人。你有什么需要帮忙的，找他准没错！上个星期日，我想去看夜场电影，但是一个人去太无聊了，于是找鼻鼻陪我一起去，他二话没说就答应了。我们看了整整一个通宵，电影可好看了，真过瘾！"小猫头鹰边说边闭上了一只眼睛，不用说，肯定是在回忆电影里的场景。

如果你问谁是村子里最快乐的村民,无论是问小猴子、小屎壳郎、小狗,还是问小猫头鹰,他们都会毫不犹豫地说:"那当然是小猪鼻鼻,村子里人人都喜欢他,他一定很快乐!"

我想,你一定也会认为小猪鼻鼻是村子里最快乐的人吧?因为人人都喜欢他,他怎么会不快乐呢?

但是有一位村民偏偏不这么想。他觉得小猪鼻鼻很不快乐,不但不快乐,还很苦恼呢!

"不可能。谁会这么想啊?他一定是个糊涂虫!"小猴子不认同地说。

勇于拒绝——我不!

"不可能。谁会这么想啊?他一定是个大傻瓜!"小屎壳郎不相信地说。

"不可能。谁会这么想啊?他脑子肯定缺根弦!"小狗不同意地说。

"不可能。谁会这么想啊?他脑子里是糨糊吗!"小猫头鹰带着嘲笑的神情说。

"他一定是嫉妒鼻鼻!"小猴子、小屎壳郎、小狗和小猫头鹰异口同声地说。

这个糊涂虫、大傻瓜、脑子缺根弦、脑子里全是糨糊的人,到底是谁呢?就是小猪鼻鼻自己。

"上个星期一,其实我根本不想去帮小猴子布置树屋。倒不是我不愿意帮助他,而是我最讨厌爬树了。我又不像小猴子那么灵活,布置树屋要爬上爬下,你们看,那天我手上磨的泡,现在还没好呢!"小猪鼻鼻边说边伸出手掌,让大家看他掌心磨出的水泡。

"上个星期三,其实我一点儿也不想去品尝小屎壳郎亲手做的粪球刺身。倒不是我不愿意去给他捧场,而是我实在不喜欢吃那个东西!虽然我平时确实不挑食,什么都吃得香，但是粪球，别说吃了，闻一闻，不，哪怕是想一想，都让我反胃！我是捏着鼻子才勉强吞下去的，连嚼一下都不敢！"小猪鼻鼻想着当天的情形，嘴巴不自觉地撇到了耳根。

"上个星期五，其实我实在不想去陪小狗练习抛接飞盘。倒不是我不愿意帮他训练，而是我实在不擅长也不喜欢运动！我最喜欢的就是找个舒服的地方睡大觉，跑啊跳啊什么的我最讨厌了。而且你看我的手，别说接飞盘了，就是递到我手里，我也不一定抓得稳！"小猪鼻鼻举起自己的双手，费了好大的劲儿也没法握拳。

"上个星期日，其实我十分不想去陪小猫头鹰看夜场电影。倒不是我不愿意陪他，也不是我不喜欢看电影，而是我不喜欢熬夜。我可不像他，一到夜里就精神。天一黑，哦，不对，不管是白天还是黑夜，我都只想睡大觉。"小猪鼻鼻不断打着哈欠。

"帮助大家我很愿意，可是有的事情我真的不擅长、不喜欢。"鼻鼻十分无奈地说。

"爬树困难你为什么不说呢？你可以告诉我呀。我不会勉强你的!"小猴子说。

"不喜欢吃粪球你为什么不说呢?你可以告诉我呀。我不会为难你的!"小屎壳郎说。

"不擅长玩飞盘你为什么不说呢?你可以告诉我呀。我不会强迫你的!"小狗说。

"不爱熬夜你为什么不说呢?你可以告诉我呀。我不会硬逼你的!"小猫头鹰说。

"就是啊,你为什么不告诉我们呢?"小猴子、小屎壳郎、小狗、小猫头鹰异口同声地问。

"我……实在是不好意思。我担心如果不答应你们的请求,你们会觉得我小气、不热心,你们就不愿意和我玩了!"小猪鼻鼻话还没说完,半边脸蛋就红透了。

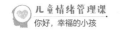

"怎么会?我也有不喜欢的事。比如,让我陪你安安静静地坐着,我一定受不了,但这并不代表我不想和你做朋友。"小猴子说。

"怎么会?我也有不喜欢的东西。比如,我不喜欢水。如果你请我去玩水,我一定受不了,但这并不代表我不想和你做朋友。"小屎壳郎说。

"怎么会?我也有不喜欢的事。比如,我不喜欢弄得自己满身泥巴。如果你请我去泥里打滚,我一定受不了,但这并不代表我不想和你做朋友。"小狗说。

"怎么会?我也有不喜欢的事。比如,我就不喜欢大白天到处跑。如果你请我白天出来玩,我一定受不了,但这并不代表我不想和你做朋友。"小猫头鹰说。

"另外,强迫你去做不擅长、不喜欢的事情的人,一定不是你的真朋友!"小猴子、小屎壳郎、小狗、小猫头鹰一齐说。

小猪鼻鼻看着四个好朋友,好像知道以后该怎么做了。

勇于拒绝——我不！

积极小贴士

很多时候我们不好意思拒绝别人，不好意思说"不"，以为这样做会显得自己不热心，害怕别人不喜欢自己。的确，在自己力所能及的范围内向别人伸出援手，是非常好的品质。但谁也不是万能超人，大家都有不喜欢、不擅长的事，这时我们要做的就是坦诚地说出自己的想法，即使这个想法是"不"。

02 | 感恩——倒霉的小鸭

小鸭嘎嘎总是一副很不开心的样子。他整天抱怨为什么别人的运气都那么好，只有自己总是那么倒霉！

嘎嘎嘴馋了，想要喝奶茶。他一只脚刚刚迈出家门，就感觉大脚趾被一个冰冰凉凉的东西砸了一下，紧接着天空就下起了淅淅沥沥的雨。"早不下雨晚不下雨，一要出门就下雨，我怎么总是这么倒霉？"嘎嘎生气地想，转身回去取雨伞。

到了奶茶店，嘎嘎点了自己最喜欢的口味。他付完钱，扭头刚想离开，却发现放在脚边的雨伞不见了。"买个奶茶的功夫就把雨伞弄丢了，是哪个冒失鬼拿错了我的雨伞？我怎么总是这么倒霉？"嘎嘎生气地想。他只好回到奶茶店里坐下，边喝奶茶边等雨停。

不一会儿，雨停了，一个大大的彩虹挂在天边。嘎嘎从奶茶店出来打算回家。他低着头，心里想着刚才发生的倒霉事，都没注意到路中间有一摊烂泥。他一脚不偏不倚正好踩在烂泥上，脚下一滑，扭一扭，晃三晃，摔了个大屁墩儿。"你这摊烂泥，这么宽的马路，你偏偏往我脚底下凑！我怎么总是这么倒霉？"嘎嘎站起来，揉揉屁股，生气地想。

嘎嘎一瘸一拐地走在回家的路上，屁股蛋还隐隐作痛。他看到小鸡从对面笑嘻嘻地走来。小鸡浑身湿漉漉的，身上的羽毛还不停地往下滴水，真真正正一副"落汤鸡"的模样。

"小鸡，什么事让你这么开心？你都被淋成这样了还

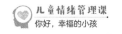

笑嘻嘻的,是不是交到什么好运了?"嘎嘎好奇地问。

小鸡开心地说:"是呀,是呀,你猜怎么着?我出来玩,走到半路就下起了雨,我没有带伞,赶紧往家跑。"

嘎嘎摸不着头脑,问:"下雨没带伞,这算什么好运气?"

小鸡接着说:"我在跑回家的半路上雨就停了。天上出现了那么大的一圈彩虹,漂亮极了,真是感谢这场雨让我看到这么美的景色。这还不算好运气?你没看到大彩虹吗?"

嘎嘎没好气地说:"没看到,我一直低着头生闷气。我可不像你那么好运。我的雨伞丢了,还踩了一脚烂泥,摔了一跤,太倒霉了!"

小鸡又说了句什么,嘎嘎没有仔细听,他正顾着生闷气呢!

"不就是彩虹吗?有什么好看的,至于这么开心?还感谢下雨,真搞笑!"

嘎嘎正想着,大鹅身上滴着水,一蹦一跳地迎面走过来。

"大鹅,什么事让你这么开心?"嘎嘎问。

感恩——倒霉的小鸭

大鹅开心地说:"刚才我出来玩,结果正赶上下雨了!"

嘎嘎不解地问:"下雨有什么好开心的?"

大鹅说:"我和小伙伴在雨里一起跑,一起蹚水,还打起了水仗。感谢下雨让我玩得这么开心。你没出来玩吗?为什么闷闷不乐?"

嘎嘎没好气地说:"我可没你这么好运,我喝奶茶时把雨伞弄丢了,刚才还踩了一脚烂泥,摔了一跤,真是倒霉!"

大鹅又说了句什么,嘎嘎没有仔细听,他正顾着懊恼呢。

"打水仗这么普通的游戏有什么好开心的?还感谢下雨,脑子真是'秀逗'了。"

嘎嘎正想着,小鸽扑棱着翅膀落在了他的旁边,落到地上还转了个圈,十分得意。

"小鸽,什么事这么开心?"嘎嘎问。他心想:"今天的人都怎么了?除了我都这么开心,该不会小鸽也是在感谢下雨吧?"

小鸽开心地说:"刚才我出来玩,结果下起了雨。"

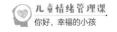

嘎嘎说:"我就知道,果然又是下雨。说吧,下雨给你带来什么好运了?是看到彩虹了,还是打水仗了?"

小鸽说:"那倒没有,因为下雨我看不清楚路,结果一头撞到树上了。"

不等小鸽说完,嘎嘎就疑惑地问:"撞到树上还这么开心,我看你是撞傻了吧?"

小鸽不理会嘎嘎的嘲讽,继续说:"撞到树之后我就落到地上休息,一抬头就看到一只老鹰刚好从我的头顶飞过。要不是撞到树下来休息,我很可能已经成了老鹰的盘中餐,想想都后怕!"

小鸽接着又说了句什么,嘎嘎没有仔细听,他愤愤不平地说:"你们都这么好运,下雨正好看彩虹,和小伙伴打水仗,撞树还躲过了老鹰,为什么就只有我这么倒霉?丢了雨伞,踩了烂泥,还摔了个屁墩儿!"他接着问大家:"你们刚才在说啥?"

小鸡说:"我刚才说,你不觉得自己很走运吗?没出家门就下雨,还能来得及带伞,你要是出门了才下雨,不也被淋成'落汤鸭'了?"

大鹅说:"我刚才说,你不觉得自己很走运吗?丢伞时正在奶茶店,你可以一边躲雨一边坐下慢慢品尝美味的奶茶!"

小鸽说:"我刚才说,你真应该感谢自己的好运气。刚才你摔跤时我正好在空中看到了,烂泥前面不远处有一颗钉子,尖朝上,你摔跤正好躲过去,要不然脚上一定会被扎一个大窟窿!"

嘎嘎想了想他们三个的话,说:"照你们这么说,我也没有自己想得这么倒霉,我的运气也很好!那我也要感谢雨下得晚让我来得及带伞,感谢下雨让我可以安静地喝

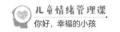

奶茶,还要感谢那摊烂泥让我躲过钉子!"小鸭不再闷闷不乐了,他接着神秘地说:"我还要感谢一件事!"

"什么事?"小鸡、大鹅、小鸽一起好奇地问道。

"我要感谢下雨让我遇到自己的好朋友!"小鸭开心地说。

大家都开怀大笑,四个小伙伴还约好了下次下雨一起出来玩耍呢。

积极小贴士

小朋友,你们平时遇到过什么好事?这些好事不需要十分重大,可以是爸爸妈妈做了你最喜欢吃的菜,也可以是同桌借给你文具,还可以是微风吹得你心情舒畅。这些细碎的小事,都值得我们去感恩。你可以试着每天睡觉前记下当天发生的三件好事,无论大小都可以,坚持一个月,你一定会成为世界上最幸福的人。

03 | 给予——王位继承人

高大兴、开大心和愉大快三个好朋友既兴奋又紧张，作为快乐王国公认最聪明的三个年轻人，他们中将有一位成为国王的接班人。他们都想凭自己的真本事战胜对方。

高大兴已经连续一个月每天刻苦读书，他认为国王一定会选择最聪慧的人继承王位。

开大心已经连续一个月每天加强运动，他认为国王一定会选择最健壮的人继承王位。

愉大快已经连续一个月每天愁眉苦脸，因为他不知道国王会选择什么样的人继承王位，所以他一直很焦虑，什么也干不下去，连饭都吃不下。一个月下来，他都瘦成皮包骨了。

"我交给你们三个人一个任务。"国王发话了，"给你们一天时间，带一样东西回来见我。谁能带回来，谁就做我的接班人。这样东西对我们快乐王国十分重要，这样东西就是……"

"是什么？"三个人屏住呼吸，竖起耳朵，生怕自己听错了。

"这样东西就是……快乐！"

"这算什么？"

"这怎么找啊？"

"就算找到又怎么带回来呀？"

三个人都觉得无从下手。

国王取出自己的怀表，看了看说："太阳下山时，我们在这里见面，回来晚的人将被取消资格。"

三个人走出王宫，你看看我，我看看你，不知怎么办才好，只好先各自回到家中想办法。

高大兴回到家，灵机一动："我知道了，我已经连续读书这么久，我现在要玩。好玩的一定能让我快乐。"他说对了，他玩的时候很快乐，但是当他想停下来把快乐带到王宫时，快乐就不见了。他只好继续玩，但不到半天，他就觉得无聊了，玩不能带给他快乐了。最后，他决定出去碰碰运气，带好干粮上路了。

开大心回到家，灵光一闪："我知道了，我已经连续运动这么久，我现在要吃。好吃的一定能让我快乐。"他说对了，他吃的时候很快乐，但当他想停下来把快乐带到王宫时，快乐就不见了。他只好继续吃，但不到半天，他就觉得快撑死了，吃不能带给他快乐了。最后，他决定出去碰碰运气，带好干粮上路了。

愉大快回到家，也不知道怎么办，于是他决定出去碰碰运气，带好干粮上路了。

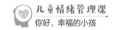

愉大快走了大半天，肚子咕咕叫起来，这才想起来，自己已经一个月都没好好吃顿饭了。他在路边一棵大树下坐下，拿出干粮准备吃。他张开嘴刚要咬下去，忽然面前伸出四只脏脏的小手。他抬头看到四个脏脏的小孩，穿着破烂的衣裳，可怜巴巴地看着他："好心人，给我们点儿吃的吧，我们好饿呀！"

还好愉大快带的吃的够多，于是他拿出一些分给四个小孩。愉大快刚想吃剩下的，四只小脏手又伸了过来："好心人，我们还没吃饱，你就帮人帮到底吧！"愉大快心想："再给你们，我自己也吃不饱了。"但看着眼前四双可怜巴巴的眼睛，他不忍心拒绝，于是又把剩下的食物分了一些给他们。

愉大快刚要吃，四只小手又伸了过来。愉大快心想："反正我回去还有得吃，他们吃完这顿，以后还不知道怎么办呢，我自己就忍一忍吧。"于是他把吃的全给了四个小孩。四个小孩吃完，对愉大快连声道谢："你太善良了，好人有好报，你一定能当上国王的接班人。"说完，他们开心地走远了。

愉大快实在太饿了,饿到都没有力气去想一想,快乐王国为何会出现四个小乞丐?小乞丐又怎么知道国王要选择接班人的事呢?

高大兴带着干粮走了老半天,也没有找到"快乐"。眼看太阳就要下山了,就在他打算放弃的时候,看到路边大树下躺着一个人,走近一看竟然是愉大快。原来愉大快把吃的都给出去了,自己却饿得连站都站不起来。高大兴想不管愉大快,这样自己就少了一个竞争对手。但是如果愉大快没人管,就算不饿死,晚上也会被冻死。他不忍心丢下好朋友不管,就把自己的食物分给愉大快吃。

愉大快虽然吃了东西,但由于一个月没有吃好睡好,刚才又走了很远的路,现在都没有力气走路了。高大兴想要背起愉大快,但是他背不动。

开大心带着干粮走了老半天,也没有找到"快乐"。眼看太阳就要下山了,就在他打算放弃的时候,看到路边大树下有两个人,一个蹲着一个躺着,仔细一看,竟然是高大兴和愉大快。开大心心想:"他们一定是遇到麻烦了。"他想不理他们俩,但想到三个人的友情,于心不忍,

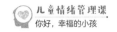

还是走了过去。得知愉大快没有力气行走,他说:"这个容易,我的身体锻炼得棒棒的,我来背他!"开大心背起愉大快,高大兴跟在后面扶,三个人往回走。没走多远,开大心就累得满头大汗,停下来歇脚。这时太阳已经落下去一半。愉大快让高大兴和开大心放弃自己,但他们不肯丢下他。高大兴突然一拍脑袋:"我怎么把这个给忘了?"他去周围捡了两根特别长的树枝,没多大会儿就做出了一副担架。

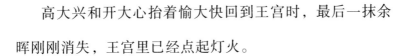

高大兴和开大心抬着愉大快回到王宫时,最后一抹余晖刚刚消失,王宫里已经点起灯火。

国王看着他们,对他们狼狈的样子一点儿也不奇怪,问:"你们完成任务了吗?"

高大兴说:"我找到了。当我看到愉大快好转过来时很快乐,当我用书上学来的知识做担架帮助别人时很快乐,现在成功地将他带回王宫还是很快乐。"

开大心说:"我也找到了。我背着愉大快往回走时,虽然很累,但很快乐,因为我坚持锻炼获得的好体魄总算派上了用场,现在看大家安然无恙,还是很快乐。"

愉大快用虚弱的声音说:"我也找到了。虽然我现在很虚弱,但是我的食物救了四个小孩,我觉得很快乐。看到高大兴和开大心这么努力地帮助我,我很感激,也很快乐。"他虚弱地躺在担架上,没注意到国王的背后还站着四个小孩。

国王这下发愁了:"你们都完成了任务,那谁来做我的接班人呢?"

如果你是国王,你会选谁做接班人?这个问题的答案

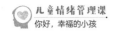

我也不知道。我只知道，据说后来快乐王国同时选出了三位国王。

积极小贴士

小朋友，你最喜欢做什么？我们每个人都有喜欢吃的、喝的和玩的东西，这些东西确实能给我们带来快乐，但这种快乐是短暂的。在力所能及的范围内帮助别人，同样是一件很快乐的事，而且这种快乐会持续得更长久，不信的话你可以试试。像雨天帮助路上的蚯蚓回到泥土里，把地上的空瓶子捡起来扔进垃圾桶等，帮助别人的同时自己也会获得快乐，这就叫"赠人玫瑰，手有余香"！

04 | 归属——沙粒的旅行

在一片寂静的荒野中,有一条蜿蜒曲折的小路,由于荒草太茂密,路又太窄,不仔细看,几乎发现不了小路的存在,更不知道,在这条隐蔽的小路上,竟然还有一位旅客。

一粒沙子孤独地走在荒野中,他已经这样走了不知多久,他去过很多个地方,已经记不清这些地方的名字。他唯一记得的是,不管到哪里,都是自己一个人。

一个人吃饭,一个人住店,一个人赶路,一个人看风景,有了问题,也是自己一个人解决。他没有朋友,也不知道自己是从哪里来。他很享受一个人的时光,还边走边唱:

我独自走在小路上,
我跨过大山和大江,
我是个快乐的独行侠,

我一个人自在又坚强!

这一天,他正像往常一样一个人在路上走着。

"嗨,你好呀!"

有个声音和他打招呼。他循声看过去,原来是一颗水珠。

"你要去哪儿?"水珠问。

"我也不知道。"沙粒回答。

"你从哪儿来?"水珠又问。

"我也不知道。"沙粒回答,语气和刚才一样平静。

"你一个人吗?"水珠的好奇心还真是旺盛。

沙粒不作声,只是轻轻点了点头。

"既然这样,那我们一起走吧!"水珠友好地说。

沙粒和水珠很快成为好朋友,他们一起走路,一起玩,一起闹。沙粒体验到了和一个人旅行时不一样的心情。就在他们开心地笑着闹着的时候,水珠突然停下来,说:"我该回家了。"

"我们一起玩儿不是很开心吗?"沙粒不明白水珠为

什么要回家。

"当然很开心,但是每个人都要回家啊。我如果不回家,很快就会蒸发掉了。"水珠说。

"每个人都要回家。"沙粒小声重复了一遍,"你的家在哪?"

"在下面的大江里,随时欢迎你来玩儿!"说着,水珠纵身一跃,往江面跳去。

水珠汇入磅礴的大江后,沙粒继续自己的旅程。

"这下他应该永远也不会蒸发掉了吧?"沙粒边走边想,"我可不一样,我才不想回家,到处旅行,认识新朋友,我很开心!"

沙粒依然一个人在路上走着,唱着,像往常一样:

我独自走在小路上，

我经过大风和大浪，

我是个开心的独行侠，

我一个人自在又坚强！

"嗨，你好呀！"

就在他唱得起劲儿时，有个声音和他打招呼。他循声看过去，原来是一颗石子。

"你要去哪儿？"石子问。

"我也不知道。"沙粒回答。

"你从哪儿来？"石子又问。

"我也不知道。"沙粒回答，语气中带着一丝失落。但他自己没有察觉。

"你一个人吗？"石子的好奇心还真是旺盛。

沙粒不作声，只是轻轻点了点头。

"既然这样，那我们一起走吧！"石子友好地说。

沙粒和石子很快成为好朋友，他们并肩而行，一起跑，一起笑。就在他们开心地笑着闹着的时候，石子突然停下来，说:"我该回家了。"

"我们一起玩儿不是很快乐吗?"沙粒有点失望地问。

"当然很快乐,但是每个人都要回家啊。我如果不回家,不知哪天就会被什么东西碾碎。"石子说。

"每个人都要回家。"沙粒小声重复了一遍,"你的家在哪?"

"在高山中,随时欢迎你来玩儿!"说着,石子蹦蹦跳跳地奔向山中。

石子隐藏到雄伟的大山后,沙粒继续自己的旅程。

"这下他应该不用担心被碾碎了吧?"沙粒边走边想,"我可不一样,我才不想回家,到处旅行,认识新朋友,

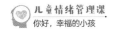

我很开心!"

沙粒还是一个人在路上走着,唱着,像往常一样:

我独自走在小路上,
我见过雪原白茫茫,
我是个勇敢的独行侠,
我一个人自在又坚强!

"嗨,你好呀!"

就在他快乐地歌唱时,有个声音和他打招呼。他循声看过去,原来是一只蚂蚁。

"你要去哪儿?"蚂蚁问。

"我也不知道。"沙粒回答。

"你从哪儿来?"蚂蚁又问。

"我也不知道。"沙粒回答,语气中甚至有一些不耐烦,"为什么都这么问?从哪来很重要吗?"

"你一个人吗?"蚂蚁的好奇心还真是旺盛。

沙粒不作声,只是轻轻点了点头。

归属——沙粒的旅行

"既然这样,那我们一起走吧!"蚂蚁友好地说。

沙粒和蚂蚁很快成为好朋友,他们结伴而行,一起蹦,一起跳。就在他们开心地笑着闹着的时候,蚂蚁突然停下来,说:"我该回家了。"

每次都是这样。沙粒心想,然后问道:"我们一起玩儿不是很痛快吗?"

"当然很痛快,但是每个人都要回家啊。我如果不回家,就什么都干不了,我们蚂蚁都是一起干活的。"蚂蚁说。

"每个人都要回家。"沙粒小声重复了一遍,"你的家在哪?"

"我的家在树洞里,随时欢迎你来玩儿!"说着,蚂蚁爬向一条长长的蚂蚁队伍。

蚁群正准备去搬运一片树叶，这片树叶比任何一只蚂蚁都至少大一百倍，但是他们齐心协力，竟然把树叶抬了起来。

沙粒一边赞叹蚁群的力量，一边继续自己的旅程。

就这样又独自走了不知多长时间，他又唱起了歌：

我独自走在小路上，

我遇到的伙伴很善良，

他们都有自己的家，

他们都……

沙粒唱着唱着，停了下来，问自己："他们都有自己的家，我肯定也有家，水滴的家在大江里，石子的家在大山里，蚂蚁的家在树洞里，可是我的家在哪里呢？"

沙粒坐了下来，他不想继续走了。

就在这时，沙粒突然听到身后传来一声尖啸。他知道危险来了，因为这是风的叫声。沙粒顾不上再去想其他的事，他拼命地跑，他知道一旦被风追上，就会被卷到不知

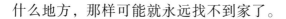

什么地方，那样可能就永远找不到家了。

他跑啊跑，跑啊跑，但是他哪有风跑得快呀！风的呼吸离他越来越近，尖啸声已经来到了他的耳边。他还是被风卷到了空中。他闭上眼，心中充满了绝望。

就在沙粒被狂风肆意吹卷的时候，耳边忽然响起了许多声音："孩子，你好啊，你终于回来啦！"

沙粒睁开眼，被眼前的一幕惊呆了。他看到自己的周围有千千万万，不，比千千万万还多得多的像他一样的沙粒，和他一起随风飞舞。他大声喊："你们不害怕吗？"

那比千千万万还多得多的沙粒一齐对他说："不怕呀，这是咱们的家，大家在一起，风不能把咱们怎么样，你也

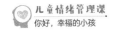

不用怕呀,因为你回家啦!"

"我们的家?我回家了?"沙粒看向远处,黄沙一眼望不到边,绵延起伏的沙丘比大江的波浪还要壮观。

现在他不害怕了。因为他知道,他找到自己的家了。

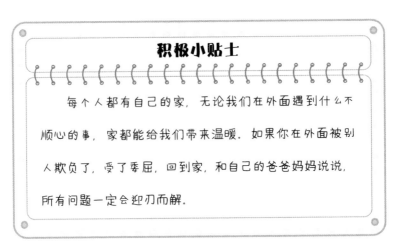

积极小贴士

每个人都有自己的家,无论我们在外面遇到什么不顺心的事,家都能给我们带来温暖。如果你在外面被别人欺负了,受了委屈,回到家,和自己的爸爸妈妈说说,所有问题一定会迎刃而解。

05 | 接纳——我会干什么

傍晚,在外面玩了一下午的小象回到家,她看起来很不开心。

爷爷问:"小象,你怎么啦?"小象摇摇头,一句话也不说。

奶奶问:"小象,你怎么啦?"小象叹口气,一声也不吭。

哥哥问:"妹妹,你怎么啦?"小象边摇头边叹气,还是不说话。

爸爸妈妈问:"小象,你到底怎么啦?明明出去的时候还是开开心心的。"

小象低着头,过了好一会儿,才从嘴里挤出几个字:"我真没用!"

大家一起问:"到底发生什么事了?"

小象这才把下午的经历告诉家人。

吃过午饭,小象就出去找朋友玩。

小象来到小鸽子的家。小鸽子正和小燕子一起围着大树一圈一圈地飞，一会儿高，一会儿低，飞得兴起了，还在半空中翻个跟头。小象见他们玩得这么开心，也想加入，可是她不会飞，只能在地上跑着转圈，没转几圈就晕头转向，一不小心撞到了树干上。

小鸽子和小燕子看到小象狼狈的样子，指着她哈哈大笑，边笑边说："小象小象真是笨，一下撞到大树根，摔了一个大屁墩！"

小象觉得自己真是丢人，垂头丧气地走开了。

小象来到小狗的家。小狗们正在打棒球。棒球在空中飞快地飞过来，飞过去，小狗们追着棒球跑，把棒球打得老高，玩得兴起时，还跳到半空中投球。小象见他们玩得这么过瘾，也想加入他们，可是小象远没有小狗那样灵活。她跟着来来回回跑了半天，一次都没有碰到过球，还累得满身大汗，坐在地上直喘粗气。

小狗们看着小象呼哧带喘的样子，一起指着她哈哈大笑，边笑边说："最慢最慢是小象，想追棒球追不上，气喘吁吁真窝囊！"

接纳——我会干什么

小象觉得自己真是没用,臊眉耷眼地走开了。

小象来到小鸭的家。小鸭正和大鹅一起在家门外的池塘里戏水。只见他们从池塘的一边钻进水里,没一会儿就从另一边冒出头,还时不时用翅膀拍出水花。小象见他们玩得这么起劲,也想加入他们。可是小象游泳太慢了,根本追不上小鸭和大鹅。她把头扎进水里翻跟头,直接把池塘里的水全搅浑了。

小鸭和大鹅没法再玩,都让小象不要捣乱,还对小象说:"小象小象块头大,小小池塘装不下,不像我们鹅和鸭!"

小象觉得自己真是没用,拖着湿漉漉的身体狼狈地走开了。

小象来到小猴的家。小猴家门口有一棵大树,他正和小松鼠一起在树枝上荡秋千。他们荡来荡去,有好几次还从秋千上跳了起来,就在小象捂着眼睛惊呼的时候,小猴轻松地抓住另一根树枝,小松鼠也轻松地跳上了另一根树干。小象见他们玩得这么快乐,也想加入他们。可是小象太重了,她用尽浑身力气往上蹦,也够不着树枝。

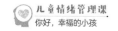

小猴和小松鼠看着小象笨重的样子，哈哈大笑说："小小象，身体重，跳不到，半空中，荡秋千，她不行！"

小象觉得自己真是没用，灰头土脸地离开了。

说完下午不愉快的经历，小象对家人们说："我真没用，我不会飞，跑不快，游泳不灵活，也不会爬树，我什么都不会，我不想做一只象了！"

爷爷、奶奶、爸爸、妈妈、哥哥刚想安慰她，忽然外面有人大喊："不好啦，着火啦！"

小象一家人连忙跑出来，原来是小刺猬家里着火了，而且小刺猬的爸爸妈妈不在家，只有他自己在屋子里。大火已经把整个房子包围了。小刺猬又急又怕，不停地大喊："救命啊！救火啊！"

小鸽子、小燕子、小狗、小鸭、大鹅、小猴和小松鼠纷纷往家跑，他们打算先取水桶，然后到池塘舀水救火。大火已经快要烧到屋子里了，眼看就要来不及了，这时只见小象跑到池塘边，把鼻子伸进池塘里，深深地吸了一大口，鼻子里灌满水后对着小刺猬家的火苗底部使劲地喷。一鼻子水还没喷完，小刺猬家的火就被浇灭了。

接纳——我会干什么

拎着水桶、拿着水盆赶过来的小动物们看到眼前的情形，纷纷上前，围着小象大声喊："小象小象真是棒，长鼻子，像水枪，英勇救火她最强！"要不是因为小象又大又重，他们肯定要把她抛到半空中去。

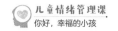

从那以后,小象不再因为自己不会飞、跑不快、游泳不好、跳不高而不开心了。她知道,虽然自己不会的东西很多,但是她也有别人学不来的本领。她觉得做一只象真是棒极了!

积极小贴士

小朋友们,每个人都是独一无二的,就像世上没有完全相同的两片叶子。我们有缺点,也有优点,无论是优点还是缺点,都有各自独特的价值。你的优点是什么?你和别人的不同之处有哪些?快来说一说吧!

06 | 情绪理解——小猴的怪脾气

阿乐是一只没有朋友的小猴子，整天把自己闷在屋子里，只有一只宠物仓鼠陪着他。爸爸妈妈总是让他出去转转，交交朋友，但他就是不愿意出门。爸爸妈妈催得多了，他还会冲他们大吼大叫。其实也不是他不想交朋友，而是大家都讨厌他，没人愿意和他做朋友。至于原因嘛，他自己很清楚。

他胆小怕事，其他猴喊他一起去学游泳，他说："我可不敢去，游泳太危险了，我会被淹死的！"其他猴喊他一起去爬山，他说："我可不敢去，爬山太危险了，我会被摔死的！"作为一只猴子，他连树都不敢爬！你见过不敢爬树的猴子吗？为这事儿，其他猴没少嘲笑他，一见到他就冲他喊：

阿乐阿乐胆子小，

让他爬树他嫌高,

猴子不敢攀树枝,

你说可笑不可笑?

阿乐听了很难为情,可他还是想:"不行,不行,太危险了!"所以他很少和其他猴一起玩耍。

情绪理解——小猴的怪脾气

他对食物挑三拣四,别的猴约他一起去吃苹果,他说:"苹果的味道太难闻了,我一闻就想吐,我不吃!"别的猴约他一起去吃西瓜,他说:"西瓜的味道太恶心了,我一闻就反胃,我不吃!"就连其他猴最喜欢吃的香蕉和桃子,他都不喜欢。所以他瘦得皮包骨,别的猴常常取笑他:

阿乐胃口真不好,

不吃西瓜和香蕉,

身体瘦得皮包骨,

小风一吹他就倒!

他多愁善感,花儿枯萎他会唉声叹气,树叶枯败他也会黯然神伤;他脾气还暴躁,有时候其他猴说他几句,他立马跟对方大吼大叫。

你想想,这样的性格,哪会有其他猴愿意和他做朋友呢?

阿乐和家人们觉得总这样下去也不是办法,所以阿乐决定去看老猴医生。老猴医生给他开了四盒药丸，每盒有七粒，每一种药丸正好可以治疗他的一种毛病。老猴医生千叮咛万嘱咐，让他每天每种药丸只能吃一粒，七天之后再来找他。

刚回到家，阿乐就一口气把所有药丸全都吞了下去。他受够了之前的生活，只想快点变正常。吃完药，阿乐立马出门，要试试效果。

刚刚走出家门，阿乐心想："我出门时竟然没有担心被车撞倒，看来这个药确实很管用！"

阿乐看到有猴在池塘游泳，连想都不想，直接跳进水里，只是他忘了一件事——他之前因为害怕被水淹，一直没去学游泳！眼看就要沉入水底，幸好有两只水性好的猴子及时发现，把他救了上来。其他猴看见他的样子，纷纷嘲笑他：

阿乐阿乐真是逗，

不会游泳硬要游，

想学狗刨学不会，

情绪理解——小猴的怪脾气

一下变成"落汤猴"!

在其他猴子的嘲笑声中,阿乐灰溜溜地跑开了。

阿乐来到大树下,看到几只小猴在草地上野餐,他也加入其中。可没吃几口,他就捂着肚子在地上打滚,头上都疼出了汗粒。其他猴连忙围过来,大家看到阿乐掉到地上的食物,发现有一些是已经腐烂的香蕉和西瓜。大家都很疑惑,为什么阿乐吃到腐烂的东西不吐出来,反而还要咽下去呢?放了几个臭屁之后,阿乐赶忙跑到厕所拉肚子,出来的时候腿都麻了,一瘸一拐的。其他猴看到他这个样子,都指着他笑:

阿乐阿乐真可怜,

东西腐烂也不嫌,

胃口小小装吃货,

臭屁把人蹦上天!

阿乐逃也似的回了家。回到家,他看到爸妈表情怪怪的,阿乐问:"你们怎么了?"妈妈支支吾吾不说话。爸爸说:"阿乐,有件事告诉你,你可不要难过。你的仓鼠不知道怎么跑出了笼子,被野猫叼走了。"阿乐听了爸爸的话,无动于衷地说:"哦,知道了。"然后就回到了自己的房间。

阿乐觉得自己很不对劲,他心想,一定是药丸的问题。要是以前,他才不会不顾危险地跳进水里,起码要先

情绪理解——小猴的怪脾气

学会游泳啊!

要是以前,他才不会吃到腐烂的东西却没有察觉,那味道光是闻到就让他恶心了!

要是以前,听到仓鼠的坏消息,他早就怒气冲冲地去找野猫为仓鼠报仇了。

阿乐赶紧来到老猴医生的诊所,把事情的经过告诉了老猴医生。

老猴医生听了,说:"阿乐,我不让你多吃,就是担心发生现在的事。你的那些负面情绪,以前堆积得太严重了,那当然不好;但是如果一点儿没有也不行啊,你不知道害怕,遇到危险就不会躲开;你不知道厌恶,遇到有毒的食物就闻不出来;你不会悲伤,失去自己珍视的朋友就不会觉得难过。这些负面情绪大家都会有,只要适度就不是毛病。现在我再给你开一些药,你可要听我的话,按要求吃呀!"

阿乐说:"明白了。我再也不敢乱吃药了!"

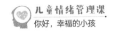

积极小贴士

小朋友们，在日常生活中，我们会感受到开心、自豪、放松等好的情绪，有时也会感受到恐惧、厌恶、悲伤、愤怒等坏情绪。如果坏情绪让我们什么都不敢做，就会影响我们的正常生活；但如果好好利用它们，它们就会成为我们生活中的信号灯，在遇到不好的事情时及时提醒我们。你们还能想到哪些"负面情绪"呢？请想一想，它们有什么作用？它们在什么时候帮助过你？

07 | 控制愤怒——吼吼和等等

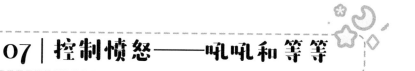

大猩猩吼吼和乌龟等等是一对不寻常的好朋友。之所以说他们的友谊不寻常,是因为他们的性格实在不一样,不,不只是不一样,简直就是完全相反。

吼吼就像一个火药桶,哪怕只有一点点"火星"也能把他"引爆"。

树叶从眼前飘过,他会火冒三丈:"讨厌的树叶,肯定是故意和我作对!"话还没说完,树叶就被他撕得粉碎扔到空中。不知道哪个倒霉蛋——除了他自己还能有谁呢——被迷住了双眼。

踢到石子,他会暴跳如雷:"讨厌的石子,肯定是故意捉弄我!"话还没说完,石子就被他踢出了老远。不知道哪个倒霉蛋——除了他自己还能有谁呢——脚趾肿得老大。

踩到水坑,他会气急败坏:"讨厌的水坑,肯定是故意找别扭!"话还没说完,坑里的水就被他踩得四处飞溅。不知道哪个倒霉蛋——除了他自己还能有谁呢——被溅了一身泥点。

大家都害怕不知道什么时候就会惹他发脾气,所以没有人敢和他做朋友,除了等等,因为等等有对付吼吼的法宝,那就是——"等等"!

有一次,小狐狸从吼吼的桌边走过,不小心碰翻了吼吼的水杯,水把吼吼的作业本都弄湿了。吼吼刚刚举起拳

控制愤怒——吼吼和等等

头,想好好教训一下瑟瑟发抖的小狐狸,可拳头还没落下去,等等的声音就传来了:"等等。"

"等什么?"吼吼急吼吼地问。

等等不理吼吼,而是开始数数:"一、二、三、四、五、六……"

吼吼看到等等奇怪的举动,忘记了自己还在生气,摸着后脑勺疑惑地问:"等等,你数数干吗?"等等还没有数完,小狐狸就已经说:"对不起,我不是故意的。我赔一本新的给你吧。"吼吼虽然脾气急,但也不是不讲理,就这样小狐狸躲过了一记重拳。

有一次,吼吼的同桌啄木鸟睡着了,他做梦梦到自己在树上捉虫子,结果误把吼吼的橡皮当成了虫子,在吼吼的橡皮上啄了一个洞。

吼吼刚刚跺了一下脚,打算把惊慌失措的啄木鸟踢得远远的,等等的声音就传来了:"等等。"

"又等什么?"吼吼不耐烦地问。

等等不理吼吼,又开始数数:"一、二、三、四、五、六……"吼吼挠着头说:"你怎么又开始数数了?"和上次一样，等等还没有数完，啄木鸟就已经对吼吼说："真抱歉，我不是故意的。我赔一块新的给你吧。"吼吼也不好再跟啄木鸟计较，啄木鸟也因此躲过了吼吼的一脚。

还有一次，小刺猬低着头走路，走到拐角处，刚刚转过去，吼吼正巧从拐角那边走过来，小刺猬不小心撞到了吼吼，刺伤了吼吼的手背，吼吼刚刚瞪起眼睛，想让小刺猬"血债血偿"，等等的声音又及时传了过来："等等。"

"不会吧，又等！"吼吼用手拍了拍额头，他真是拿等等没办法。

不出所料，等等还是开始数数："一、二、三、四、五……"同样，等等还没有数完，小刺猬就已经说："不好意思，我不是故意的。我马上给你包扎一下！"

这样的次数多了，吼吼发现别人并不是故意和他作对，大家有时确实会"不小心"。每次听到别人的道歉，发现别人不是故意跟自己过不去，自己好像也没有一开始那么生气了。

这一天，等等在练毛笔字，结果提笔的时候，不小心将一滴墨汁甩了出去。这滴墨汁飞到半空中，划出一道优美的弧线,不偏不倚地滴在了吼吼新买的书包上。

虽然他们是好朋友,但是用了还不到一天的新书包就这样被弄脏了,吼吼还是很生气。他刚要发作,就看到等等张开嘴要说话。吼吼知道等等想干什么,一把捂住等等的嘴,说:"我知道,你要数数是吧?我替你数,一二三四五六七八九十。"

吼吼一口气数完,等等挣脱吼吼的大手,又要说什么,吼吼不给他机会,抢先说:"我知道,你还想说,你不是故意的,你会赔我一个新书包,是吧?"

等等被吼吼的大手捂得都快喘不过气了,边摇头边喘着气说道:"不不不,新的书包我买不起,不过,我会帮你洗干净的。"

小狐狸在旁边惊讶地说:"吼吼,你这次竟然没有举起拳头!"

啄木鸟在旁边诧异地说:"吼吼,你这次竟然没有急得跺脚!"

小刺猬在旁边不解地说:"吼吼,你这次竟然没有瞪眼?"

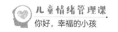

听到小动物们的话,吼吼自己也愣住了。是啊,一开始虽然他想要发火,但是用等等的方法,竟然就把怒火熄灭了。吼吼体验到了和往常不一样的对情绪的掌控感。

从那天起,每次遇到事情,吼吼都会用这个方法来平息自己的怒火。最让吼吼感到开心的是,从那天起,其他小动物也开始愿意和他一起玩儿了。现在吼吼可不止等等一个好朋友了。

控制愤怒——吼吼和等等

积极小贴士

小朋友们,其实我们每个人心中都有一个吼吼——这就是我们的"愤怒"情绪。这种"愤怒"其实是在提醒我们,某些地方可能受到了冒犯,我们需要采取行动来保护自己。例如,遇到水杯被碰倒、橡皮被弄坏、手背被刺伤、新书包被弄脏等情况时,我们都会生气,这是很正常的。但是很多时候,别人并不是故意要跟我们作对,如果我们不分青红皂白就发脾气,很容易伤害到我们的家人、同学和朋友。所以,当我们发觉自己要发怒的时候,试一下大声和自己说:"等等!"

08 情绪接纳——村里来了大怪兽

在太阳升起的地方有一座巍峨的大山,大山的深处有一个小村子。这个村子是什么时候建起来的?没人知道。第一个来这里居住的人是谁?没人知道。他们为什么要在深山中隐居?也没人知道。

在村子的最边上有一户人家,住着四兄妹。他们肩负着保护村子的使命。四兄妹各有一件法宝,但是这四件法宝有什么威力,谁也不知道。因为这四件法宝从来没有使用过。

据村里的老人说,很多年前,村子刚建成的时候,有一个白胡子老人从山里走出来,把这四件法宝交给了他们的祖先,并告诉他们,如果有一天村子遇到威胁,这四件法宝将能帮助他们。说完之后老人就走进了大山,再也没有人见过他。

他们本来以为永远也不会用到这四件法宝,因为这么

情绪接纳——村里来了大怪兽

多年过去了，村子一直安然无恙，就连恶劣的天气，像干旱、大雨、地震都没有发生过，以至于人们都快忘了这四件法宝。

直到有一天早上。

村民们正各自在家吃早饭，突然感觉脚下的地面晃了一下。一开始人们还以为是自己的错觉，可是过了几秒钟，地面又晃了一下，接着一下又一下，每一下都比上一下晃得厉害。大家开始慌了，纷纷跑到四兄妹家门前的空地上。

大家都不知道发生了什么事。就在这时，随着晃动越来越厉害，远处的地面上渐渐出现了一个黑影，一点点靠近，一点点变高，一点点变大，直到最后来到村子前，站在那里不动了。这个浑身长满长毛、黑乎乎的大怪物，把整个村子笼罩在自己的影子下。明明是早上，太阳刚刚升起，但是四周像没有星星和月亮的晚上一样黑。

村民们聚拢在一起，不知所措地瑟瑟发抖。这时，四兄妹中的老大对村民们说："大家不要怕，我们有法宝，一定能击败这个怪物！"

对啊！还有那四件法宝！

村民终于镇定一些，可实际上，四兄妹自己也不知道法宝有没有用，但事到如今，也只有试一试了。

大哥祭出第一件法宝，法宝发出一道光，照射在怪物身上。怪物被光一照，就开始哈哈大笑，手舞足蹈，看起来十分开心。怪物那庞大的身躯一动，整个村子都跟着晃了起来，以致人们站都站不稳了。他的笑声震得人们耳朵生疼。

二姐祭出第二件法宝，法宝发出一道光，照射在怪物身上。怪物被光一照,马上开始大吼大叫,挥舞着拳头,还使劲儿跺脚,看起来十分愤怒。怪物一跺脚,大地就震三震,房子都快要被震塌了。

三弟说:"看我的!"他祭出第三件法宝。法宝的光一照到怪物身上,怪物就蹲在地上大哭,眼泪越来越多,眼看就要汇成一条河,冲到村子里了,三弟赶紧收起自己的法宝。

四妹见状,赶忙祭出第四件法宝。怪物被第四件法宝一照,马上抱着头,瑟瑟发抖,看起来十分害怕。村民们以为怪物害怕了,发出阵阵欢呼声。但是过了很久,怪物也没有逃跑的意思,更令人担心的是,随着怪物发抖,一只只大跳蚤从他身上的长毛里被抖了出来,跳向村民。村民们纷纷用铁锹、耙子等农具打起跳蚤。四妹也只好收起了法宝。

这下,大家束手无策了。大怪兽见四兄妹拿它没办法,开始一步步走向村子。村民们一点点后退,但是很快就无路可退。眼看怪兽就要踩到村民,这时人群中传来一个声音,说:"你们四个同时用法宝攻击怪兽试试!"

四兄妹来不及多想，同时祭起法宝，四束光同时照向怪兽。怪兽被四道光一照，停下了脚步，张开大嘴，把四道光都吸了进去，一直到四个法宝再也发不出光来。

村民们心想："这下完了，只能赶快逃命了。"就在这时，怪兽突然倒在地上来回打滚，把周围的树林都压成了平地。奇怪的是，他的身子越来越小，最后变成了正常人的模样，趴在那里不动了。

四兄妹壮着胆子走上前去，变成了人的怪兽慢慢爬了起来，转身面向四兄妹。大哥问："你到底是什么人？为什么会变成怪兽？为什么要袭击我们的村子？"

"怪兽"说:"其实我原本是个人,后来因为生病,失去了喜怒哀乐的能力,才变成怪兽的样子。我一直躲在山里不敢出来,直到碰见一位白胡子老人,他告诉我这个村子有宝物能治好我的病,于是我就来了。"

四妹说:"我明白了。我们的四件法宝分别代表喜、怒、哀、惧。正常人都有这些情绪,所以你被我们的法宝一起照,就恢复了正常!"

从此,怪兽,不,正常人就在这个村子定居下来。

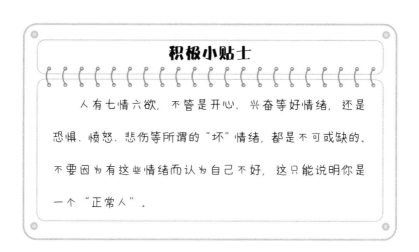

积极小贴士

人有七情六欲,不管是开心、兴奋等好情绪,还是恐惧、愤怒、悲伤等所谓的"坏"情绪,都是不可或缺的。不要因为有这些情绪而认为自己不好,这只能说明你是一个"正常人"。

09 | 勇敢反驳——"不行"和"不对"

放学回家的路上,小猴没有像往日那样开开心心、蹦蹦跳跳。

要是以前,他一定一溜烟跑到河马伯伯的糕点店前,期待地说:"河马伯伯,来一份香蕉派!"

要是以前,他一定远远地就和猎犬大黑打招呼,大声地说:"大黑叔叔,下午好!"

要是以前,他一定咧开大嘴逗弄松鼠宝宝们,开心地说"哥哥和你们藏猫猫",然后轻轻一跳,跳到大树上,让茂密的枝叶遮住自己,松鼠宝宝们瞪大眼睛,还以为这个可爱的大哥哥凭空消失了。

可是今天,他却像一只瘪了的气球,耷拉着脑袋,拖着沉重的脚步往家里走。

河马伯伯拿着香蕉派冲他招手,他仿佛没有看见。

猎犬叔叔跟他打招呼,他仿佛没有听见。

勇敢反驳——"不行"和"不对"

松鼠宝宝们冲他咿呀咿呀地叫,他仿佛既没有看见,也没有听见。

他的脑子里只有一个念头不断地盘旋:"我真没用,我什么都干不好,我永远也干不好!"

到底发生了什么事?

原来今天是学校的运动会,小猴参加的是他最拿手的高低杠项目。他本来想展示一个高难度动作,在空中翻几个跟头。只见他使劲儿往上一跳,手离开横杠,飞上半空,看到这个场景,大家都屏住了呼吸。小猴翻了三个跟头,就在他落回高低杠,准备重新抓住高横杠的时候,一只小

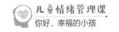

蜜蜂突然飞过来,分毫不差地落在了他左手想要抓的位置。小猴子一下就慌了神,赶忙把左手往旁边挪一挪。就是这一挪,害得他没抓稳,直接从杠上摔了下来。还好他身体灵巧,没有受伤,但还是摔了个"大马趴",吃了一嘴泥。旁边围观的老师和同学们一开始担心他受伤,都惊呼起来,看他安然无恙,还有一嘴泥,有的同学忍不住大声笑了出来。

小猴子觉得丢死人了,接下来直到放学,他都趴在桌子上不敢抬头,生怕一抬头就看到别人嘲笑他的目光,甚至只要有说话的声音,他就觉得那是在嘲笑他。

他怀着沮丧的心情,好不容易熬到了放学,垂头丧气地回到了家,匆匆和爸爸妈妈打了声招呼,就回到房间关上门,往床上一趴,还用被子蒙住了头。爸爸妈妈觉得很奇怪,平时小猴子还没进门,远远地就开始喊:"爸爸妈妈,我回来啦,今天做了什么好吃的?"

就在小猴一遍遍埋怨自己"我真没用,我什么都干不好,我永远也干不好"的时候,突然被子被掀了起来。他猛地坐起身,看到一个黑黑的身影站在床前。

勇敢反驳——"不行"和"不对"

小猴害怕地问:"你是谁?怎么会在我的房间里?你想干什么?"

黑影说:"我是'不行'警察。"

小猴还是很害怕:"你想干什么?"

"不行"警察说:"我要带你去我们那个地方,那里全都是觉得自己做什么都不行、永远也不行的人。"

小猴说:"可是我不想去,我要在自己的家。我要和爸爸妈妈在一起!"

"不行"警察说:"那可由不得你。只要你觉得自己做什么都不行,永远也不行,我就必须把你带走!"说着,"不行"警察就伸出手要来抓小猴。

"住手!"

就在"不行"警察的手马上要抓住小猴子的时候,一个声音及时响起。

"不行"警察和小猴同时看向这个声音传来的方向。一个又瘦又高的人站在那里,头上戴着鸭舌帽,嘴上叼着个棒棒糖,穿着宽大的风衣,手上还拿着个放大镜,就像小说里的大侦探福尔摩斯。

不等小猴和"不行"警察发问,这个瘦高个儿就自己说了起来:"我就是传说中人见人爱、花见花开,帅过福尔摩斯,可爱过柯南的'不对'大侦探!"

"'不对'大侦探?"小猴和"不行"警察异口同声地说道。

"是的,就是我,你说得不对,你说得也不对!只有我'不对'大侦探说得对!"

"什么不对?"小猴和"不行"警察越来越糊涂,小

勇敢反驳——"不行"和"不对"

猴甚至连害怕都忘了。

"你说得不对,他不是什么都不行,也不是永远都不行!""不对"大侦探对"不行"警察说,"所以你不能带他走!"

"不行"警察说:"可不是我要来抓他的,是他自己召唤我来的!做什么也不行、永远也不行,这是他自己的想法,我只是感应到他的想法,自动来到这里的,不信你问他。除非你有证据能让他相信自己的想法不对,我就放过他,我是很讲道理的,从不乱抓人!"

小猴想起今天运动会上的糗事,低着头说:"他说得对。我确实什么也不行,永远也不行。"

"不对,不对,不对,我说不对就不对,你自己说对那也不对。找证据那还不容易,等着瞧吧!"说着,"不对"大侦探就把他那个大大的放大镜放到眼前,弯下腰开始找。

"不对"大侦探举着放大镜来到小猴的书桌旁,在桌上的一摞书本中翻了翻。也不知道他找到了什么,只见他嘴角一扬,得意地说:"看,我说不对就不对,这不就是

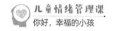

证据?"

他从那摞书本中又抽出几张纸,嘴里还不停地说着:"这有一个,这还有一个。"最后,他举起一叠纸,扬扬得意地说:"证据都在这儿了!"

小猴和"不行"警察探过头,想看看是些什么证据。

"不对"大侦探一张一张地给他们展示:"看,这是小猴的独唱奖状,这是他的语文奖状,这是他的口算满分试卷。这就证明,他不是什么都不行,至少独唱、语文和口算,他是'行'的!"

不等小猴和"不行"警察说话,"不对"大侦探接着又拿出另外几张纸,说:"这是他去年的高低杠冠军领奖照片,这是他上个学期的获奖证书。这就说明他不是'永远也不行',只是这一次失误了!现在,你们还有什么话说?"

小猴看着"不对"大侦探手里拿着的一张张奖状、证书和照片,心想:"'不对'大侦探说得对,我还是有很多擅长的事!"想到这里,他扭头看向"不行"警察,却发现那里什么也没有了;回过头来,发现本来站着"不对"大侦探的地方也什么都没有,这两个人好像从来没有存在过!

"咚咚咚!"小猴听到有敲门的声音。

"吃饭啦!"爸爸妈妈的声音从外面传来。小猴一睁眼坐了起来,原来刚才只是一场梦。

饭桌上,爸爸妈妈奇怪说:"这孩子怎么了?刚才回家时还无精打采的,怎么现在看着还挺开心?"

小猴心里偷偷笑了,他决定把这个梦留在心里,作为自己的秘密。

积极小贴士

在我们碰上不顺利的事情时,很容易陷入小猴的这种思维误区:在一段时间、一件事上不行,却把自己想成"永远不行""做什么事都不行"。怎么办呢?我们可以尝试做自己的"大侦探",找到证据,证明自己不是"永远"不行,也不是"什么都不行"。下次一旦产生了这种想法,马上大声跟自己说:"不对!"

10 | 害怕不丢人——黑大胆

小狗黑仔有个外号,叫"黑大胆"。一听他的外号,你就知道他不仅长得黑,胆子也一定很大。在大家的眼中,黑仔的确天不怕地不怕。

"谁胆子最大?当然是黑仔!他敢一个人在漆黑的夜晚走进森林深处。听说那里伸手不见五指,有一对对冒着绿光的眼睛闪来闪去,草丛中还时不时发出窸窸窣窣的怪声,一会儿有蜘蛛网缠住你的脸,一会儿有湿泥坑让你的脚陷进去。有一次我的球飞进去了,我进去找,才往里走了两步,就被吓得跑了出来,球也不要了。"小兔一边说着,一边露出恐惧的眼神,好像想起了森林里的可怕遭遇。

"谁胆子最大?当然是黑仔!他敢爬到最高的大树顶上做金鸡独立,哦不,是'金狗独立'!那棵大树可高了,树顶上的风也很大,站上去随时都会掉下来。我虽然擅长爬树,但是爬到那么高,我可从来没试过。有一次我想试

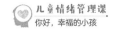

一试到底能不能爬上去,结果还没爬到一半高,往下一看,我的天,我的腿直接开始发软,硬撑着一点一点地蹭下来。我可不敢爬到顶上,更别说在树顶单腿站着!"小猫说着,不禁开始发抖,好像想起了在高处的恐怖经历。

"谁胆子最大?当然是黑仔!他敢趁小牛睡午觉的时候拨弄他的犄角,在他的耳边吹气。小牛可是学校里有名的小霸王,他不去欺负别人就谢天谢地了,谁敢去主动招惹他?有一次,我只是从小牛身边走过,什么都没做,什么也没说,他就对我大吼大叫,还挥起拳头,吓得我连忙跑得远远的。学校里人人怕小牛,谁见了他都赶紧躲开,除了黑仔,还没有谁敢这么捉弄他呢!"小羊一边说着,一边缩着脖子左看右看,好像在担心小牛突然从哪里冒出来给他一拳。

黑仔对自己的这个外号非常满意,每次别人叫他"黑大胆"的时候,他都会一脸得意。

这一天,大家在教室外草地上玩耍,黑仔正在大家面前讲述自己天不怕地不怕的光辉事迹,忽然感觉自己被一个黑影一点一点笼罩起来,他发现大家都把目光从他身上移开,投向他的身后。黑仔连忙转头,就看见小牛双手叉腰,胸脯一起一伏,眼睛瞪得圆圆的,直勾勾地看着自己。黑仔心里其实很害怕,但是在小兔、小猫、小羊面前,他可不愿意丢人!于是他勉强壮起胆子,挺起胸膛,大声问:"小牛,你想干什么?别人怕你,我'黑大胆'可不怕你!"

黑仔虽然想表现出不在乎的样子,但是因为实在太害怕,他的声音都有些颤抖了。

小牛一步步走到他跟前,举起自己的大拳头。眼看小牛的拳头就要落在自己的头上,黑仔也顾不上自己"勇敢无畏"的光辉形象,转身就跑掉了。

他心想："被别人说胆小，总比挨揍强吧！"

小牛的声音从后面传来："小黑子，别让我逮到你，不然有你好看的！"

其他人根本不知道发生了什么，也不敢问小牛，连忙一个个跑回教室，坐回自己的座位，低着头假装看书，生怕小牛把怒气转移到自己身上。

过了一会儿，马老师走进教室，后面跟着差点把头埋进胸膛的黑仔。马老师对小牛说："小牛，跟我来办公室！"

小牛站起来，一边瞪着黑仔，一边不情愿地跟老师走了。

放学后，大家一起来到郊外，其他同学见小牛不在，都围了上来。

"发生什么事了？小牛为什么要揍你？"小兔问。

"你不是不怕小牛吗？为什么要跑呢？"小猫问。

"马老师叫小牛去干吗？"小羊问。

黑仔低着头，支支吾吾好一阵，才不好意思地说："其实我胆子一点也不大，我跟你们一样，很怕小牛，只是喜欢听你们夸赞我，所以故意装成胆子大的样子。"

原来,黑仔之所以敢趁小牛睡觉的时候捉弄他,是因为他们之间有个"秘密协议"——每天放学后,黑仔都要帮小牛写作业;作为回报,小牛会配合他的表演,假装拿黑仔没办法。可是昨天作业特别多,黑仔自己的作业写完已经大半夜了,他困得不行,直接趴在小牛的作业本上睡着了,口水把作业本洇湿了一大片。小牛早上看到自己一个字没写、还被弄湿的作业本,当然很生气,于是就想找机会揍黑仔一顿。

大家听了黑仔的话,心想:"原来是这样。"

小兔问:"那你说一个人晚上走进黑森林,这也是假的吗?"

黑仔说:"其实我也很害怕,也不敢一个人走进森林深处,每次都是走进去不远,就躲在一棵大树后面。反正天黑,森林黑,我也黑,你们根本看不清我在哪里。每次我心里都怕极了,就盼着你们早点离开,我好赶紧出来。"

小猫问:"那爬上大树顶做'金狗独立'呢?"

黑仔豁出去了,坦白地说:"那是我趁你们不注意的时候用梯子爬上去,在上面拴了一根绳子。我每次都用绳子系紧自己才敢站起来,只是太高了你们都看不清。"

大家这才恍然大悟。

小兔说:"其实你根本不用这样,害怕一点也不丢人,每个人都有害怕的事。比如,我最怕黑了,天一黑我都不敢出门。就算你只敢走进森林一两步也算很胆大了!"

小猫说:"我也是。我最怕蜘蛛了,每次看到蜘蛛我浑身的毛都会被吓得竖起来!"

小羊说:"我最怕打雷了,每次打雷我都把头埋进被子里!就算是小牛,他不也怕马老师吗?不然他干吗要你帮他写作业,不写不就行了?"

害怕不丢人——黑大胆

黑仔听了大家的话，不好意思地说："你们不笑话我被吓得跑开，还找来老师帮忙吗？"

小兔说："遇到危险赶快躲开，怎么是丢人呢？"

小猫说："遇到困难向别人求助，怎么是丢人呢？"

小羊说："明知道自己打不过还不躲开，不找老师，那不是勇敢，那是大笨蛋！"

三个人异口同声地说："我们可不是大笨蛋！"

小狗不再不好意思，也笑着说："我也不是大笨蛋！"

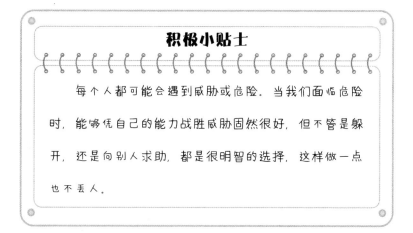

积极小贴士

每个人都可能会遇到威胁或危险。当我们面临危险时，能够凭自己的能力战胜威胁固然很好，但不管是躲开，还是向别人求助，都是很明智的选择，这样做一点也不丢人。

11 | 目标——我要更好！

今天放学前，河马老师像往常一样对大家说："现在，我要给大家布置作业了！"大家也像往常一样，愁眉苦脸又无可奈何。没想到河马老师接着说："这次的作业内容你们自己决定！"

"我们自己决定？"大家开始好奇了，居然能自己决定想做什么就做什么，那自己决定开心地玩，放开了吃，不就好了？但谁都知道，天底下没有这么便宜的事，于是纷纷竖起耳朵，要仔细听听这个作业到底是什么。

河马老师见成功地吸引了大家的注意力，便继续说："你们每个人要给自己定一个目标，至于目标是什么，你们可以自己决定！"

"原来是这样啊！"大家听了，露出恍然大悟的神情。

听了这个任务，小猴一脸得意，他心里已经想好了一个目标，他觉得自己一定会比其他同学进步大！

目标——我要更好！

听了这个任务，小猪表情坚定、目光自信地看着河马老师。他心里已经想好了一个目标，他觉得自己一定能实现！

听了这个任务，小兔神秘兮兮，眼睛偷偷看看这个，看看那个，好像生怕别人猜到自己的想法。他心里已经想好了一个目标，他觉得自己一定能让所有人大吃一惊！

听到这个任务，小刺猬满不在乎，他觉得自己随便定什么目标都能做到，别人肯定不如他！

只有小乌龟眉头紧锁，表情凝重。看样子，他一定还没想好要设定什么目标。

时间过得飞快，转眼一个月过去了。这天，河马老师召开班会，说："各位同学，一个月前我让大家定一个目标，现在一个月过去了，大家分别说说，自己的目标完成得怎么样？"

听了河马老师的话，小猴不再一脸得意了，小猪也没有之前那么自信了，小兔红着脸，小刺猬把头埋在胳膊下面，小乌龟低头看着自己的脚尖。大家都生怕河马老师让自己先说。为什么呢？因为他们的目标都没有达成。

河马老师看到大家这副表情，心里早就明白是怎么回事,问:"你们的目标是不是完成得不顺利呀?"

大家一齐点点头。

河马老师早就猜到了这个结果,一点也不生气,说:"没关系,那你们都来说说自己这一个月的经历吧。"

小猴说:"我给自己定的目标是用一个月的时间努力,在各方面都要比别人强!于是我第一周读书,第二周运动,第三周做算术,第四周练习书法。我明明已经很努力了,也没有偷懒,但不知道为什么最后却没有什么效果。"

小猪说:"我给自己定的目标是用一个月的时间努

力,成为第一只会爬树的小猪。但是我每天早出晚归,屁股都快摔碎了,还是爬不到半米高。我明明每天都在刻苦训练,不知道为什么会这样。"

小兔说:"我给自己定的目标是用一个月的时间努力,让自己写字更漂亮。于是我开始每天练字,可是我也不知道怎么算好看,自己的字有没有更好看,所以练着练着就坚持不下去了。"

小刺猬说:"我的目标是让自己学会翻跟头,可是第一周时,我想着下周再开始也来得及;第二周时,我想下周再开始也不晚;第三周、第四周也一样,就这样,直到现在还没有开始练呢!"

小乌龟说:"一开始我也不知道自己要定什么目标,后来听隔壁裁缝店大婶的建议,用一个月的时间学会裁衣服。但是我每天还要完成学校的学习和运动任务,而且裁衣服很无聊,我每次一拿起针线就开始打瞌睡,所以学了三天就放弃了!"

河马老师微笑着对大家说:"你们知道为什么自己没能实现目标、取得进步吗?因为你们每个人的目标都犯了至少一个错误!"

错误?定目标还有对和错吗?大家十分不解。

河马老师看着大家一脸疑惑的样子，说："小猴想比别人强，但是怎么才算强呢？所以小猴的目标太宽泛了，一点也不具体，这周做这个，下周做那个，最后哪个也没成功。目标一定要很具体，这样才知道用什么方法可以做到。"

"小猪的目标太不现实了。猪是不会爬树的，就像金鱼不会飞一样，我们给自己定的目标一定是通过努力能够实现的，不然别说一个月，就是练上一万年也没用。"

"小兔的目标是写字更漂亮，但是怎么才算更漂亮呢？这是很难衡量的。无法衡量，就不知道怎样才算实现，所以总看不见效果，最后就没有坚持下去的动力了。"

"可是小刺猬的目标既具体，又可以衡量，为什么他也没实现呢？"大家不明白。

河马老师解释道："小刺猬的目标虽然既具体，又可以衡量，但是他没有给自己规定时间，所以会一拖再拖，这周想着下周做，下周想着再下周，明日复明日，最后成蹉跎。定目标一定要有时间规划。"

"另外，小乌龟的目标既和他平时的学习生活无关，他又不感兴趣,所以当然坚持不下去了!你们定的目标要么是平时自己能用得到的,要么是自己感兴趣的,这样才有动力去实现。现在你们知道要怎么修改自己的目标了吗?"

大家思考了一阵河马老师的话,一同点点头:"我们知道了!"

又一个月过去了,你猜,这次大家的目标进展得怎么样了?

小猴子专心练跑步,现在他的跑步成绩成为全班第一,甚至超过了小兔子呢。

小猪下决心提高自己的算数成绩,于是每天花时间多做20道题,现在他的算术成绩比之前整整提高了五分。

小兔子计划每天描一篇毛笔字,一个月的时间他练完了整整三十页,大家都夸他有毅力。

小刺猬计划每天训练一个小时,现在他不但学会了翻跟头,还能一连翻好几个呢。

小乌龟呢?他最喜欢游泳了,以前他不会仰泳,现在终于学会了。

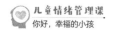

积极小贴士

小朋友们,大家都想自己变得更好,这时设定一个合适的目标就能给我们帮大忙。你想变成一个什么样的人?一个月之后,你想学会什么新本领?赶快按照故事中河马老师的方法,定下自己的目标吧!

12 | 被爱——什么都会的小黑

小黑不仅是学校里最热心的同学,而且还多才多艺,好像没有他不会做的事。人人都知道,有困难找小黑,准没错。

小白个子小,值日的时候够不着玻璃的上面,当他对着高高的窗户犯愁时,小黑看到了,跑过来说:"我来帮你擦玻璃!"只见他轻轻跳上窗台,一伸手就够到了玻璃的最上边,三下两下就把玻璃擦干净了。小白向他表示感谢,小黑挺起胸膛,说:"小意思,有困难来找我,没有我不会的!"

小花的滑板车坏了,有个轮子卡住了,怎么也转不动,蹲在那里摆弄半天也没修好,盯着坏轮子束手无策。小黑看到了,对小花说:"我来帮你修滑板车!"他跑回家,没过一会儿就回来了,手里提着一个工具箱,里面螺丝刀、老虎钳、扳手,样样俱全。他先用手拨弄两下坏了的轮子,然后找出一个工具,这边拧三下,那边敲两下,就像变魔术一样,轮子又重新转动自如了,而且比以前更灵活。小花向他表示感谢,小黑挺起胸膛,说:"小意思,有困难来找我,没有我不会的!"

小灰做练习册,被一道数学题难住了。他拧着眉头想了半天,验算纸写了整整两页,还是做不出来。小黑看到了,走到小灰旁边说:"我来教你。"他几句话就把解题方法讲清楚了,小灰用他教的方法一试,果然很快就算出来了。小灰向他表示感谢,小黑挺起胸膛,说:"小意思,

有困难来找我，没有我不会的！"

音乐课上，老师说学校乐队的鼓手没办法参加演奏比赛了，小黑听了，把手举得高高的，说："我来帮忙打鼓！"乐队在演奏比赛上表现出色，获得了一等奖。音乐老师表扬了所有乐队的成员，当然，他还特意点名表扬小黑，说小黑鼓打得好，还热心肠，有集体荣誉感。小黑挺起胸膛，说："小意思，有困难来找我，没有我不会的！"

这个周末，老师给大家布置了一项科技作业，要求每人做一个飞机模型，星期一的时候带到学校展示，看谁的模型飞得高、飞得远。老师和同学们嘴上没说，但是都觉得小黑一定做得很棒，因为大家都知道没有他不会的。

可到了星期一，小黑却请假了，没有来学校。星期二、星期三，一连三天，小黑都请假没有来。放学后，小白、小花和小灰来到小黑家，他们想看一看小黑到底出了什么事。

他们来到小黑家，小黑的爸爸妈妈上班还没回来。他们敲了很久的门，门里才传出一个有气无力的声音："谁呀？"他们听出这是小黑的声音，赶快回答："是我们，我们来看看你。"门打开了，小黑垂头丧气地站在门后，

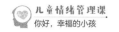

领着他们进了屋,坐在床上不说话。

大家见小黑这个样子,都很担心。

小白问:"小黑,你哪里不舒服?"

小花问:"小黑,你有没有看医生?"

小灰问:"小黑,你什么时候才能来上学?"

小黑还是低着头不说话。三个小伙伴都不知道该怎么办。

又过了一会儿,小黑才开口说:"其实……我没有生病。"

三个小伙伴十分不解:"没有生病?那你为什么不来上学?"

小黑支支吾吾地说:"因为……我……不会做飞机模型!"说完这句话,小黑觉得自己的脸滚烫滚烫的,要不是他长得黑,大家准能看到他羞愧的大红脸。

原来,上周老师刚刚布置完任务的时候,小黑也觉得这个事难不倒自己,本来他就会用那些修理工具,做一个飞机模型还不是手到擒来?谁知,真做起来却不是那么回事儿。他整个周末都在家里拼模型,可不是这个零件落下了,就是那个零件不知道安到哪。这时他才意识到,做一个飞机模型,远比修一个滑板车的轮子复杂多了,他也意识到,自己并不是什么都会。

爸爸妈妈工作忙,这几天总是加班,没时间帮他做。他想问问老师,可是又怕老师说:"这么简单都不会,你不是什么都会吗?别的同学都没问题,怎么只有你做不好?"这么一想,他就不好意思问老师了。

他想求助同学,可是又怕同学说:"你不是什么都会吗?这么简单的事都做不好,平时还说什么大话!"这么

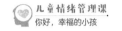

一想,他感到很难为情,也不愿意问同学了。

他既没有问老师,也没有求助同学,一心想做一个老师和同学心中最优秀的学生。但是一想到周一就要把模型拿出来展示,他的脑海中就会浮现出老师和同学嘲讽的表情。为了不在老师和同学面前丢脸,他决定请病假。

小白说:"原来是这样呀,我还以为是什么严重的事呢。谁都有不会的事,哪有人是万能的呀?你不会做飞机模型,也依然是原来那个热心肠的小黑呀!"

小花说:"小白说得对。向人求助一点也不丢人啊。你看我们总是向你求助,也没人笑话我们啊!"

小灰说:"同学之间就是要互相帮助,谁都有遇到困难的时候。你应该这么想:有人帮助你,说明有人关心你,这是好事呀!"

小黑听着小伙伴们的话,不好意思地问:"所以你们不会因为这件事嘲笑我?"

三个小伙伴异口同声、斩钉截铁地说:"当然不会!"

那天晚上花了很长时间,小黑终于在小伙伴们的指导下,做好了飞机模型,虽然并没有小伙伴们的模型飞得那么高，也没有他们的模型飞得那么远，但他觉得无所谓，大家在一起玩最开心，而且在遇到困难时有人帮忙真是一件幸福的事，和自己帮助别人一样幸福！

小黑还是以前那个热心肠的小黑，只是他不会再说"没有我不会的"了。

积极小贴士

小朋友们，我们每个人都希望自己一直是棒棒的，我们帮助别人的时候会觉得很快乐。其实反过来，接受别人的关爱和帮助，也是一件幸福的事情。我们不但要有爱家人、爱朋友的能力，也要接受家人和朋友的关爱。

13 | 尝试——"好奇害死猫"

同学们期待已久的夏令营终于开始了。为了方便组织，老师把大家分为几个小组。小兔、小猴、小松鼠、小狗和小猫分在一组。大家一大早就坐上了校车，兴致勃勃地朝着目的地出发。

车子开了一会儿，大家觉得有点无聊了。

"我们来做游戏吧！"小兔首先提议道。

"好啊,好啊。"大家纷纷表示同意,"可是玩什么呢？"

"咱们玩击鼓传花怎么样？"小猫提议道。

"每次都玩击鼓传花，我都玩腻了。这次咱们换一个没玩过的吧，我提议咱们玩成语接龙！"小狗提出了一个新主意。

"成语接龙？怎么玩？"其他同学好奇地问。

"我先说一个成语，其他人说下一个，每一个成语的第一个字要和上一个成语的最后一个字发音一样。比如，

尝试——"好奇害死猫"

我说一帆风顺，下一个可以说顺水推舟。"小狗解释道。

"听起来很有意思，我同意玩这个！"同学们都觉得很有趣。

这时却传来小猫反对的声音："我还是想玩击鼓传花，每次我们都玩击鼓传花，大家都会玩。新游戏还要重新学，也不知道有没有意思，要是没意思，不是白耽误工夫？"

"不试试怎么知道不好玩呢？也许这个游戏比击鼓传花更好玩呢？"小兔说。

"每次都玩击鼓传花，你还没玩腻吗？"小猴问。

"试试新游戏，本身就是一件很有意思的事呀。"小松鼠说。

小猫还是固执地说："要玩你们玩吧，有那个工夫我还不如睡觉呢。我可不想在没把握的事情上浪费时间！"

"你对新游戏就一点也不好奇吗？"同学们一起问。

"不好奇，我奶奶说了，'好奇害死猫'！"说完，小猫就闭上了眼睛。别人见他这么坚决，也不勉强，开始玩起成语接龙的游戏来。

小猫虽然闭着眼睛,可周围都是小伙伴们说笑的声音,他哪里睡得着呀?他听到小伙伴们时不时地开怀大笑,也觉得这个新游戏可能真的很有意思。小狗再次邀请他:"小猫,你也来一起玩吧,大家一起玩多开心呀,而且我看你也睡不着!"

小猫正发愁不好意思主动说要加入,于是马上答应了。才玩了两轮,小猫就完全把"无聊"的念头抛到了脑后。他和大伙一起笑着闹着,虽然有好几次他确实没有接上

尝试——"好奇害死猫"

来,但也没觉得不开心。就像小伙伴们说的,大家一起玩很开心,学会了一个新游戏也很开心!

车子一直到中午才到达目的地。他们一路有说有笑,所以完全没有注意到时间。等到他们住进了宿舍,肚子都饿得咕咕叫。

带队的长颈鹿老师把他们召集起来,告诉他们,夏令营的第一项活动是集体午餐,每个小朋友要选择一种自己最喜欢的食物,然后把食物放在一起分享。

小兔取来了几根胡萝卜,小猴拿来了一大串香蕉,小松鼠捧来了一大把栗子,小狗取来了几根肉骨头。大家等了很久,小猫才姗姗来迟,他把自己的食物放到桌子上,原来是几条咸鱼。

"我们的食堂没有准备咸鱼吧?"长颈鹿老师不解地问。

"这是我从自己家里带来的,我最爱吃咸鱼了,其他东西都不好吃,我不想吃。"小猫对其他食物不屑一顾。

"食堂准备了炸鱼,味道应该也不错,你要不要试

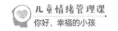

试?"长颈鹿老师问。

"不要,炸鱼肯定没有咸鱼好吃!"小猫固执地说。

"你准是以前没吃过这些东西,所以才觉得很难吃,对不对?"小狗问。

"没尝过,但肯定不好吃!"小猫说。

"没尝过怎么知道不好吃呢?"小猴问。

"你不想知道它们是什么味道吗?"小兔问。

"我奶奶说了,'好奇害死猫'!"小猫说。

"他喜欢吃啥就吃啥吧,我要开动了,我都快饿死了!"小松鼠迫不及待地说。

于是大家起劲儿地吃起来。

"胡萝卜还不错!"小松鼠说。

"香蕉真甜呀!"小狗说。

"栗子炒煳啦!"小兔撇撇嘴。

"骨头好硬,我牙都快被硌掉了!"小猴说。

小猫嚼着自己的咸鱼,看着四个小伙伴一起有说有笑,忽然觉得平时那么美味的咸鱼不香了。

长颈鹿老师好像猜到了什么,问小猫:"你要不要也尝尝其他食物？"

"尝尝吧，可好吃了！"

"尝尝吧，也许你会喜欢呢？"

"尝尝吧，难吃又能怎么样呢？大不了只吃一口下次不吃了呗！"

小朋友们纷纷邀请小猫加入大家的"美食分享会"。

小猫犹豫了一下，还是答应了。

"肉骨头还挺香的！"

"香蕉确实很甜啊！"

"栗子确实煳啦，好苦！"

"胡萝卜怎么有股怪味？"

小猫把所有食物都尝了一遍，感觉有的很美味，有的真的很难吃！但是他忽然觉得，难吃也没什么大不了的，不管怎么样，也比自己一个人吃咸鱼开心多了。

"你们也尝尝我的咸鱼吧！"小猫把咸鱼分给大家。

"确实很好吃呀！"小狗说。

"咳——鱼刺差点卡到我的喉咙!"小猴赶紧把鱼刺吐了出来。

"味道不好不坏,但确实很咸啊!"小松鼠喝了一大口水。

"好腥啊,我可不要再吃了!"小兔咬了一口之后就不再碰了。

但不管是喜欢吃还是不喜欢吃,大家都一起有说有笑,好开心。

在接下来的活动中,小猫开始主动尝试以前没做过的事,他读了新的图书,学会了新的运动,还交到了新的朋友呢!

别人问他:"你不怕'好奇害死猫'吗?"

他会回答:"当然不会,好奇让猫吃得更多,玩得更多,会得更多,朋友更多,快乐更多!"

积极小贴士

小朋友们,你们肯定体验过吃到新的美食、学会新的本领、交到新朋友的快乐。勇于尝试新事物会带给我们更多的体验,更多的机会,虽然未知的体验有好有坏,但不试试怎么知道它好不好呢?当然了,一定要在保证自己安全的前提下去尝试哦!

14 | 运动——大牛看病

大牛最近一段时间很不开心,做什么事都提不起兴趣,对什么食物都提不起胃口。但为什么不开心?他自己也说不上来。他搞砸了什么事吗?没有;他和朋友吵架了?没有;他丢东西了?也没有。但他就是不开心。

小驴知道了大牛的近况,对他说:"你怎么不去找老山羊呢?老山羊肯定能解决你的问题。"

"老山羊?对啊,我怎么把他给忘了!"大牛拍了一下额头说。

老山羊是远近闻名的神医。他这个神医,头疼脑热跌打损伤——全都不会治!他只会治一样东西——不开心。

第二天,大牛早早地来到山脚下,老山羊就住在山顶。大牛抬头往上看,只见这座山高耸入云,老山羊的屋子被云雾笼罩着,若隐若现的。大牛心里直打鼓,心想这个老山羊怎么住得这么高啊?自己本来就因为没有胃口,早饭吃得特别少，爬上去还不累个半死？也不知道老山羊年纪这么大是怎么上上下下的。但转念一想，如果能开心起来，辛苦一下也值得。

大牛爬到离山脚不远的凉亭，就已经上气不接下气了；爬到半山腰，累得满身大汗；快中午时终于爬到了老山羊的家门口，这时他已经站都站不稳了。

大牛缓了口气，敲了敲门。开门的是老山羊的女儿小山羊。问清大牛的来意之后，小山羊指了指房子后面的湖，说："父亲一早就去湖对面找鹿先生下棋了。你要找他，要么绕过这个湖，要么就游过去，因为他把唯一的船划走了。"

大牛心想："我怎么这么倒霉啊，费了半天劲儿爬上来，结果扑了个空！"他想要下次再来，可是一想到还要再爬这么高，还是决定到湖对岸去。湖边很多地方杂草丛生，枯枝缠绕，还有沼泽，所以大牛决定游到对岸。他跟小山羊要了两碗热茶，又休息了好一阵，最后一咬牙一跺脚，跳进了湖里，朝对岸游去。等他游到对岸，已经过了中午了。

老山羊和鹿先生在湖对岸的地面上摆了一个棋盘,一张茶桌。他们两个一边下棋,一边喝茶,看起来很惬意。大牛心想:"你们倒是舒服得很,害我费这么大劲儿跑过来!"老山羊和鹿先生下棋下得正入神,完全没注意到大牛走过来。大牛想要打断他们,喊了一声:"羊大夫!"

鹿先生看着棋盘完全不为所动,就像没听见动静一样。老山羊朝大牛做了一个"嘘"的手势,又指了指旁边的一块大石头。大牛一看,石头上摆着茶点。他爬了半天山,又游了半天泳,现在确实又累又饿又渴,于是过去大吃大喝起来。简简单单的清茶和水果,他吃起来就像山珍海味一样。他已经很久没有觉得食物这么美味了。

大牛吃完，老山羊和鹿先生的棋也下完了。老山羊看着大牛，笑呵呵地说："我知道你是来干什么的，你是不是来找我治你的不开心？"

大牛佩服地说："您真是神机妙算啊。"

老山羊说："神机妙算说不上，我只会治不开心，别的都不会。你费这么大劲儿来找我，难道还能有别的事吗？"

大牛一想，确实是这么回事儿。老山羊接着说："我给你准备好了能让你开心起来的丹药，但是刚才调皮的小鹿把丹药拿走了。你要想得到丹药，必须追上小鹿才行。"

大牛听了老山羊的话，心想："我怎么这么命苦啊！"

老山羊指了指旁边的小路："山里只有这一条路，小鹿也是沿着这条路跑的。你沿着这条路追，一定能追到。"说完，不再理会大牛，继续和鹿先生下起棋来。

大牛本来还想问问有没有备用的药，省得再跑那么远，可是看到二位聚精会神地下棋，看样子不会再搭理自己，只能把到嘴边的话又咽了回去。

大牛无可奈何，只能沿着小路追。还好他刚才吃了点东西，不然还真没体力再跑这么远。他追出去足足有十千米，才看到小鹿笑嘻嘻地站在路边的一棵枯木上。

见到小鹿嬉皮笑脸的样子，大牛气不打一处来，说："小鹿，是你把我的药拿走了？这次我就不跟你计较了，以后不要这么调皮，快把药给我！"

"药？什么药？"小鹿好像还在装糊涂。

"就是老山羊给我准备的丹药啊，专门医治不开心的，他说是你拿走了，他不会骗我的，你可别不认账！"大牛说。

"丹药？我真的没有拿。"小鹿说，"不信你看，我

这里有什么东西吗？"

大牛仔细看了看，小鹿两手空空的，确实没有什么丹药。他又一想，不对，准是被小鹿藏在哪儿了！

"你手上没有，准是藏起来了。别闹了，我这段时间又烦躁又无聊，没胃口，不开心，累个半死才到这里，你快把药给我吧！"大牛无奈地对小鹿说。

"你说你不开心？没胃口？"小鹿问，"那现在感觉怎么样？"

"现在？什么意思？"大牛疑惑地问。

"你现在还觉得烦躁、无聊、没胃口吗？"小鹿问。

大牛想了想，刚才吃东西时，简单的茶点他也觉得很美味，而且说来也奇怪，他现在也不觉得烦躁了。爬山出了一身汗，又是游泳又是追小鹿，现在觉得通体舒畅，神清气爽！

看到大牛这个样子，小鹿调皮地问："你自己说，是不是已经把药吃了？"

大牛这才恍然大悟，咧着嘴笑着说："我知道了，爬山、游泳、跑步，就是老山羊医治我的'丹药'！"

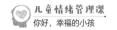

积极小贴士

小朋友们,我们有时候会觉得很无聊,没有乐趣,平时好吃的食物、好玩的东西感觉也不吸引人了。这时尝试去运动一下,出出汗,会有意想不到的效果哦!如果能和小伙伴一起运动,那就更好了!

15 | 心理弹性——三个倒霉蛋

圆圆、方方和点点是好朋友,三个人总是形影不离,上学路上在一起,放学路上在一起,周末玩耍也在一起。这不,前两天运动会,三个人又一起参加,可是没想到,他们三个人却都得了倒数第一。

圆圆参加的项目是1000米长跑。他认为,以自己的速度,就算得不了冠军,肯定也能拿到前三名。所以他站在起跑线后面,听着同学们给自己加油的声音,脸上一副志在必得的表情。

"砰!"

随着发令枪声一响,同学们都争先恐后地往前跑。圆圆看到有5名同学跑在自己前面,心想:"这可不行!"他加快速度想要超过前面的同学。可是这一加速立即打乱了自己原本的呼吸节奏,没跑200米就岔气了,剩下的800米他只能捂着肚子跑。眼看后面的同学一个个超过了

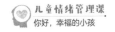

自己,圆圆觉得羞愧极了。他一边跑一边低着头,几乎不敢抬头看同学们的表情。比赛一结束他就不知道钻到哪里躲起来了,生怕别人找到自己。

方方参加的项目是跳高。他认为,以自己的弹跳力,一定能拿个好名次。轮到他的时候,前面同学最好的成绩是 1.4 米,最差的也有 1.2 米,要想进前三名,他至少要跳过 1.35 米。他平时最好的成绩也就 1.35 米,但是为了稳拿名次,他让老师把横杆调到了 1.4 米的高度。结果一连跳了三次,屁股蛋每次都不争气地碰到横杆,最后连成绩都没有。他觉得羞愧难当,躲到了没人的地方。

点点参加的项目是扔铅球。之所以选择铅球,是因为他觉得这个项目很简单,不就是把球使劲儿扔出去吗?他本来就长得很壮实,所以对自己很有信心。但他根本就没有掌握扔铅球的技巧,铅球被扔得很高,可落下来之后却停在了自己的脚下,离大脚趾连一厘米都不到!他看着脚下的铅球,那铅球像长出了眼睛、鼻子和嘴,正撇着嘴嘲笑他呢!虽说比赛是重在参与,但这事儿也确实让人沮丧。他也像两个好朋友一样，找个没人的地方躲着去了。

"唉！""唉！""唉——！"回家的路上，三个人一句话也不说，只是叹气，叹气的声音一个比一个长，一声比一声大。

第二天一早，三个人又在老地方见面，一同去学校。圆圆垂头丧气，方方默不作声，点点却一点儿也看不出不开心的样子了，就像平常一样。只是圆圆和方方都低着头，所以没注意到。他俩一上午都趴在桌子上，生怕一抬头就看到其他同学嘲笑的目光，老师讲了什么，他俩一个字也

心理弹性——三个倒霉蛋

没听见。下课铃声一响,点点就来到他俩旁边,说:"走吧,赶快吃完午饭去训练!"

圆圆和方方看着点点,心想这家伙怎么一点也不为昨天的事情郁闷呢?

"训什么练啊?我就不是跑步的料,下次老师肯定不会让我参加了。"圆圆失望地说。

"训什么练啊?跳高我是没指望了,同学们指不定怎么笑话我呢!"方方气馁地说。

"你就一点不为昨天的事难为情吗?"圆圆和方方异口同声地问道。

点点说:"我昨天也难为情呀,只不过,我有好办法!"

"什么好办法?"圆圆和方方好奇地问。

"一会儿咱们每人买一块蛋糕,然后你俩就知道了!"点点神秘地说。

圆圆和方方虽然觉得点点莫名其妙,但是有蛋糕吃也挺好,于是就按照点点的要求买了蛋糕。他俩刚要开动,点点说:"先不要吃,我们来一场比赛!谁赢了,这三块蛋糕就都归谁!"

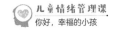

圆圆和方方兴致上来了,催问点点比赛规则。

点点说:"昨天运动会,我们三个人都表现得不太好,这件事会引发什么后果呢?我们说出一种可能性,就可以切一下蛋糕,谁说出的可能性多,谁就赢了!"

"我先说,我昨天跑步比赛得了倒数第一,大家都会笑话我,老师会对我失望,我以后也不会参加跑步比赛了!"圆圆抢着说。说完,他在自己的蛋糕上切了三下。

"我昨天跳高得了倒数第一,大家也会笑话我,老师也会对我失望,我以后也不会参加跳高比赛了。"方方想了想,也在自己的蛋糕上切了三下。

两个人打平了,他们看着点点说:"该你了!"

点点不慌不忙地说:"我昨天扔铅球差点砸到自己的脚,可能大家会笑话我,但也可能不会。"说着,他切了两下。"老师可能会对我失望,但也可能不会。"说着,他又切了两下。"这可能说明我不是扔铅球的料,但也可能在提醒我方法不对需要调整方法,或者是训练太少了要加强训练。最后可能成绩依然很普通,但也可能会突飞猛进,谁知道呢,我想试试。"

圆圆明白了,接着说:"我这次没跑好不是因为速度慢,而是因为一着急岔气了,下次只要调整好心态,一定能行!"

方方也接着说:"我是因为好大喜功,如果我就按照自己的水平选择1.35米高,甚至1.36米都行,我都不会没有成绩!"

点点说:"你看,现在你们俩是不是也不沮丧了?不过你们不沮丧了,我可沮丧了!"

"你为什么沮丧?"圆圆和方方疑惑地问。

点点指了指桌上的蛋糕,说:"你们看,这蛋糕还能吃吗?"

大家望向桌上的蛋糕,都已经烂成了一坨。

圆圆和方方对视了一眼,都把自己的蛋糕推到点点面前:"你吃吧!"说着,两人站了起来。

"我吃蛋糕,你们去干吗?"点点问。

"我们?我们还要去训练呢!

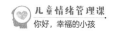

积极小贴士

什么人能面对挫折不气馁,反而越挫越勇?一定是能看到更多"可能性"的人。每个人都会遇到挫折,很多人遇到挫折之后只会看到坏的可能性,但其实每件事都有很多可能性,可能坏,可能好,也可能不好不坏。看到好的可能性后,还要努力把这个"可能"变成"现实"。

16 | 控制——好运气和坏运气

太阳落山的位置是连绵起伏、高耸入云的昆仑山。传说在昆仑山的最深处，住着一位老神仙，他在昆仑山住了多少年？没有人知道；他有多少岁了？也没有人知道。但是有一件事，很多人知道，那就是他神通广大，能腾云驾雾、点石成金。大家都说，谁要是能做他的徒弟，就能学会高明的法术，把泥土变成美味佳肴，把石头变成金银珠宝，并且可以长生不老。

这样的本领谁不想要？所以有很多人慕名去找这位老神仙，想要拜师学艺，但不是因为深山险阻半途放弃了，就是因为道路曲折怎么也找不到老神仙的居所。直到有一天，终于有两个年轻人来到了传说中老神仙的住所。

这两个年轻人经过长途跋涉，衣服早已破得不成样子，鞋底快磨穿了，脸上也蒙了一层厚厚的尘土，完全看不出本来的样貌。

在他们眼前的是一个十分俭朴,甚至说简陋也不为过的小院子,院墙是树枝和泥巴围成的,院子里面是三间茅草屋,颤巍巍地立在那里,好像随时都会被大风吹倒。

他们高声问:"有人吗?请问这里是修仙的地方吗?"

隔了一会儿,屋里传出一个苍老的声音:"你们是来学艺的吧?你们是怎么找到这里的?"

"我的确是来学艺的。我的运气非常好,一路上大部分时间都风和日丽,偶尔下雨时,我也正好能看到亭子,

控制——好运气和坏运气

感觉快要迷路的时候总是能猜对方向,干粮刚刚全吃完,就找到了这里。请您一定要收我为徒,凭我的好运气,一定能学会仙术!"第一个年轻人说。

"我也是来学艺的。来之前我做了充足的准备,我带好了指南针,这让我在看不到星星和太阳的时候也不会迷失方向;我带上了雨伞雨衣,无论碰到大雨还是小雨,都不怕被淋湿;我带了足够的干粮,还在出发之前学会了打猎,带了捕猎工具,这样我才一直有吃的。我觉得就是因为我做了充分的准备,才能找到这里。请您收我为徒吧,通过努力我一定能学有所成!"第二个年轻人说。

可能是念在两个人吃了这么多苦的分儿上,老神仙答应收两人为徒,第一个人是师兄,第二个人是师弟。不过他也事先声明,他只负责传艺,至于能不能学成,就看他俩各自的造化了。

师兄弟两个人学得都很快。每次学会了一样本事,师兄都会谦虚地说:"运气运气,运气好罢了!"而师弟都会毫不客气地说:"是我用对了方法,花了足够的时间,这都是我努力的结果!"

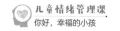

一开始,两个人学得都很顺利。但是随着师父教的本领越来越难,两个人学起来就费劲多了。每当老神仙考他们,而他们又没学会的时候,两个人依然有不同的说辞。

"我刚要训练就下雨了,真倒霉!"

"我每次快要练成时就会滑倒,太不走运了!"

"法术越来越难了,我的运气越来越差了!"

师兄像以往一样,把自己学不好本领的原因归结于运气上。

"我可能是练习的方法不对,找对方法一定没问题。"

"我应该是练习的时间不够长,再多练习一下准能行。"

"我可能还没能正确理解您的意思,请您再给我讲一遍吧,这次我一定好好领悟。"

师弟也还是老样子,认为自己学不好本领与运气无关,而是因为自己做得不够好。

师兄觉得自己学不好法术,全是因为运气不好,所以他依然按照以前的方式去练习,但总是没有进展。最后,他跟师父说:"师父,看来我的运气太差,没有仙缘,我

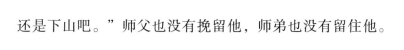

还是下山吧。"师父也没有挽留他,师弟也没有留住他。于是他拜别师父和师弟,下山去了。

师弟觉得自己学不好本领,是由于自己有些地方做得不对,于是他不断地总结原因、调整方法,加倍刻苦地练习,最后终于学会了所有的本领!

老神仙把他叫到跟前,对他说:"你已经学得很好了,我没什么可教你的了,你可以下山了。"

"可是,我还是不会把泥土变成美食,把石头变成金银,我还不会长生不老呢!"师弟说。

"傻孩子,这世上哪有这种事呢?你之所以能学会这些你师兄学不会的本领,是因为你相信,只要肯行动,就能得到想要的结果,而不是归结为运气,觉得运气不好就轻易放弃。你在泥土里种下种子,自然会收获果实;你辛勤地凿砌石头,自然会换来金银。至于长生不老嘛,哪有这种事呢?只要我们认真地过好每一天,每一天都是有价值的,又何须长生不老呢?"

师弟恍然大悟,谢过师父,准备下山。

"对了,差点忘了,我还要传授给你最后一种本领。"

老神仙告诉他,从第二天开始,要连下十天雨,他要在第二天日出之前想到阻止这场雨的办法,之后他才能学会最后一项本领。

师弟想了又想,试了又试,用尽了浑身解数,把之前学的法术从头到尾想了一遍,也想不到一丁点儿办法来阻止下雨。第二天,果然如老神仙所料,下起了大雨。他只好来到师父跟前,承认自己没有办法。

师父问他:"你知道自己为什么阻止不了这场雨吗?"

师弟摇摇头,他觉得能做的自己都已经试过了。

师父说:"这就是我要传授给你的最后一项本领——你要学会接受。有些事无论你做什么,它们仍然会发生,你只能接受。天有阴晴雨雪,太阳有东升西落,人有生老病死,有很多事是我们无法改变的。我们只能尽力用行动去改变我们能改变的,至于不能改变的呢,你要学会的就是欣然接受。如果你明白了,就可以下山了。"

师弟想了好一会儿,说:"师父,我知道了。我会接受大雨,这是我不能改变的;但是我会穿上雨衣,这是我能改变的。谢谢您!"说完,他穿上来时带的雨衣,下山去了。

积极小贴士

小朋友们,当我们面对挑战的时候,一定要相信,有很多事我们可以通过调整自己的行为去影响事情的结果。但有些事是我们改变不了的,对于这样的事情,我们就要学会欣然接受,这样我们就能成为最快乐的自己。

17 自责与推卸——都怪我,都怪你

球球永远都是一副闷闷不乐的样子,因为他觉得自己十分差劲,什么都做不好。他的口头禅是:"都怪我。"无论发生什么不好的事,他总是说:"对不起,都怪我。"

球球和毛毛打羽毛球,球球把羽毛球打上高高的空中,都快撞到体育馆的屋顶了。毛毛为了接到球,高高跳起,但是落地的时候一不小心把脚崴了。毛毛坐在地上疼得龇牙咧嘴,直冒汗珠。球球见状,赶快跑过去,蹲在毛毛面前,内疚地说:"对不起,都怪我把球打得那么高,害你把脚崴了。"虽然毛毛说:"是我自己不小心,又不是你的错。"但球球还是很内疚,心想,以后还是少和别人一起打羽毛球吧。

球球给舒舒讲解数学题,舒舒听到一半,就把书本拿过来,开心地说:"知道了,我全懂了!"结果十道题,

自责与推卸——都怪我，都怪你

他错了五道，老师点评的时候严厉地批评了他。下课后，球球来到舒舒面前说："对不起，都怪我没给你讲清楚，害你没做对，还被老师批评。"虽然舒舒说："不关你的事，是我自己着急没听全，一知半解就不听你讲了，所以才做不对。"但是球球还是很内疚，心想，以后还是不要随便给别人辅导功课了。

球球请玲玲吃冰激凌，玲玲是个馋猫，吃得又急又快，一整个冰激凌球，她一口就吞进去了，连是什么味道都没

尝出来。结果吃完没一会儿就开始捂着肚子喊疼。一个小时，玲玲跑了五趟厕所，腿都麻了。球球对玲玲说："对不起，都怪我给你吃冰激凌，害你拉肚子！"虽然玲玲说："不关你的事，是我自己太着急，才吃坏了肚子。"可是球球还是很内疚，心想，以后还是不要请别人吃东西了。

就像之前发生的事情那样，虽然很多时候并不是球球的错，别人也并不觉得是球球的错，但球球每次都很自责，总是怪自己不好，所以他总是不开心。

球球来找老师求助，他对老师说："老师，为什么我总是做错事？为什么我总是害别人不痛快？我一点儿也不开心！"

老师对他说："球球，你如果想要开心起来，我有办法。首先呢，很多事不是你的错，你不应该总是一股脑儿责怪自己……"

不等老师说完，球球就说："我明白了，我知道该怎么做了！"然后就跑开了，连老师在后面叫他都没听见。

自责与推卸——都怪我，都怪你

从那天开始，球球就像变了一个人。他现在的口头禅是："都怪你！"无论发生什么不好的事，他总是说："你看看，都怪你！"

球球在运动会上参加接力赛，他在棒棒之后跑。当棒棒跑过来，把接力棒递给球球时，球球太着急了，没拿稳就转身跑，接力棒掉到了地上。等球球捡起来再跑的时候，对手们早就跑远了。最后，他们组跑了个倒数第一。球球来到棒棒面前，气鼓鼓地对他说："你看看，都怪你，递接力棒都递不好。要不是你，我也不至于跑在最后！"球球很生气，心想，要不是因为棒棒，自己一定能第一个跑到终点。

球球晚上躲在被窝里打游戏，很晚才睡。第二天上课时他哈欠连天，老师没讲几句，他就睡着了，老师叫他回答问题都没听见。老师走到他跟前，对他喊："球球，该起床啦！"他从梦中惊醒，猛地坐起来，嘴角还挂着口水。同学们见状，都哈哈大笑。球球恼羞成怒，对同桌说："你看看，都怪你，老师叫我你也不把我推醒！"球球很生气，心想，要不是同桌不提醒自己，自己一定不会被老师

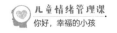

批评。

放学后,球球和波波一起喝奶茶,他们一前一后走在路上。波波忽然发现自己的鞋带开了,于是蹲下来绑鞋带。球球由于跟得太近,来不及躲开,差点撞到波波,赶紧停住,奶茶没拿稳,洒在自己新买的白球鞋上。球球瞪着波波,说:"你看看,都怪你,非要喝奶茶,还突然蹲下,害得我新鞋都被弄脏了!"球球很生气,心想,要不是波波要来喝奶茶,自己的新鞋也不会被弄脏。

自责与推卸——都怪我，都怪你

球球现在比以前开心了吗？一点也不！因为现在无论发生什么事，是谁的错，他都喜欢责怪别人，即使有时是他的问题，他也往别人头上推？所以没人愿意和他一起玩，分组学习时没人愿意和他搭档，就连分座位大家也都躲着他。

球球找到老师，苦恼地说："老师，我已经按照您说的做了呀，怎么还是不开心呢？"

老师耐心地说："你呀，太着急了，上次我话才说一半，刚说了个首先，你就跑了。我想说的是，首先，你不能什么事都一股脑儿地责怪自己，因为任何事情的发生都有很多原因，这里面可能会有你的原因，但肯定也会有其他原因。其次，同样因为事情的发生有很多原因，所以你也不能什么事都怪罪别人。"

球球听了老师的话，想了好半天，最后点着头说："这次我真的明白了！"

从那以后，球球开心的时候越来越多，不开心的时候越来越少。你猜，现在球球遇到不好的事，他会怎么说？

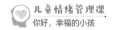

积极小贴士

小朋友们,当发生不好的事情时,我们总想找出原因,这样下次就能避免类似的坏事再次发生。但是每件事情的发生,都有很多原因,既可能有你的责任,也肯定会有外部的原因。如果一股脑儿地责怪自己,一定会让自己闷闷不乐,畏首畏尾;如果一股脑儿地责怪别人,则会让别人不愿意和我们做朋友。我们要学会客观地面对问题,是自己的原因要勇于承认,不是自己的原因不要盲目地责怪自己。

18 | 节制——越多越好

一户人家有三个孩子,他们是三胞胎兄弟,分别叫千千、万万和亿亿。这三个孩子让他们的父母很头疼。每当吃饭的时候,千千就吵闹着要吃甜食,比如糖果啊,蛋糕啊,就是不愿意吃饭;每当口渴的时候,万万就嚷嚷着要喝饮料,比如汽水啊,奶茶啊,反正就是不愿意喝白开水;每当要写作业的时候,亿亿就吵着要玩游戏,反正就是不专心学习。虽然他们的父母会拒绝他们的无理要求,但是每次都这样,也不是办法。

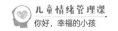

他们的父母实在没有办法了，于是就来到村口的庙里对着菩萨许愿，希望三个孩子不要这么任性。父母两人刚从庙里走出来，就听见庙门口传来嘲笑的声音："这年头，当父母的真是可笑，管不好孩子，求菩萨有什么用啊？菩萨能替你管孩子吗？"

父母两人扭头看过去，只见路边站着一个年轻人，打扮得斯斯文文的。他们俩气不打一处来，说："菩萨不能替我们管，难道你能替我们管？"

年轻人说："你说对了，我还真能管好你们的孩子！"

父母两人压根不相信这个陌生的年轻人，但年轻人一点儿也不生气，说："这样吧，我跟你们打个赌。如果我管不好你们的孩子，我就在脑门上贴张白纸，上面写着'我是小狗'，在村子里走一圈，怎么样？"

父母两人见年轻人这么有把握，就说："那就让你试试吧，不过你要做好心理准备，我们家的三个孩子可不是那么容易对付的！"

年轻人满不在乎地说："你们放心吧，还没有我管不了的孩子！不过，如果我赢了呢？"

节制——越多越好

父母两人根本不相信年轻人会赢，说："如果你赢了，我们感谢你还来不及呢，以后你可以随便来我们家吃吃喝喝！"

年轻人说："一言为定，但是有一个条件，我要的东西你们要给我准备好，我要做的事你们不能干涉！"

父母两人想了想，答应了他的条件。

年轻人提的第一个要求是买很多糖果和蛋糕，够一个人不停地连吃一个星期；第二个要求是买很多饮料，够一个人不停地连喝一个星期；第三个要求是给孩子的电脑安装很多游戏，够一个人不重样连玩一个星期。父母两人不明所以，但因为事先答应了不干涉年轻人做事，只能照办。

东西备齐后，年轻人把千千、万万和亿亿叫过来，分别问他们："你喜欢吃甜食，你喜欢喝饮料，你喜欢玩游戏，是不是？"

三个孩子异口同声地回答："是！"

年轻人又分别问他们："那你想吃多少？你想喝多少？你想玩多久？"

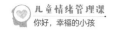

三个孩子依然异口同声地说:"越多越好!"

年轻人说:"既然这样,那我给你们每人布置一项任务。千千负责吃甜食,这些糖果和蛋糕吃完之前,不能吃其他东西;万万负责喝饮料,这些饮料喝完之前,不能喝其他东西;亿亿负责玩游戏,连续玩一周,除了吃饭睡觉上厕所,要一直玩,我不说停就不能停!"

三个孩子听了这几项任务,心想:"天底下竟然有这么好的事!"

于是很愉快地答应了。

父母两人在旁边看得目瞪口呆,想要阻止,可是想到之前的约定,话到嘴边又咽了回去。

第一天,千千吃得十分开心,万万喝得十分痛快,亿亿玩得十分过瘾。

第二天,千千依然吃得心满意足,万万依然喝得不亦乐乎,亿亿依然玩得兴高采烈。

第三天,情况好像有了一点儿变化。千千觉得吃甜食和以前吃馒头、白米饭没有区别了;万万觉得喝饮料和以前喝白开水没有区别了;亿亿觉得玩游戏就像平时走路睡觉一样,无法给人特别开心的感觉了。

第四天,千千看见眼前的甜食就想逃跑,万万看见眼前的饮料就反胃,亿亿竟然有了想要看一下课本的想法。但是没有年轻人的同意,他们只能继续吃、喝、玩,虽然一点儿也不觉得快乐。

第五天,千千选了他以前最喜欢吃的巧克力蛋糕,勉强吃了两口,就再也吃不下去了,眼前堆着的各种零食,在他看来全都变成了苦口的药丸;万万选了他以前最喜欢喝的奶茶,勉强喝了两口,就再也咽不下去了,眼前摆着的各种饮料,在他看来全都变成了难喝的药水;亿亿拿着平板电脑,不知道要玩什么,他觉得这些游戏都玩腻了,勉强打开之前最喜欢的一款,结果才玩了一分钟,就开始犯困。

他们三个实在受不了了,来到年轻人面前求饶。

千千说:"求求您了,让我吃点馒头和米饭吧,我以后再也不吃甜食了。"

万万说:"求求您了,让我喝点白开水吧,我以后再也不喝饮料了。"

亿亿说:"求求您了,让我干点别的吧,看书也行,锻炼也行,我以后再也不玩游戏了。"

年轻人说:"你们确定以后都不吃甜食、不喝饮料、不玩游戏了?"

三个孩子你看看我,我看看他,最后一齐点点头。

年轻人哈哈大笑,说:"用不着,千千以后只要正常吃饭,偶尔还是可以吃一点儿甜食的;万万以后只要记得多喝水,有时还是可以喝些饮料的;亿亿呢,只要完成了学习任务,在注意保护眼睛的前提下,还是可以玩一会儿游戏的。这样你们同意吗?"

这次,三个孩子毫不犹豫地点了点头。

父母两人看到这样的情形,忙问年轻人怎么回事。

节制——越多越好

年轻人说："这就像气球吹气、炒菜放盐一样,如果一点儿气都没有,一点儿盐都不放,气球就是瘪的,菜也会淡然无味;但是如果气吹多了,盐放多了,气球就会爆掉,菜也会非常咸。凡事适度才好啊!"

父母两人听得心悦诚服,跟年轻人说,以后可以随便来家里吃喝。年轻人说:"那倒不用,我只是同情你们的一片苦心。这几天在你们家吃得好睡得好,我已经很满足了。如果还要求更多,那岂不是变成'爆了的气球''咸了的菜'吗?"说完便笑着走出门了。

积极小贴士

每个人都有自己喜欢的东西,可能是美食,也可能是活动,但是任何事情都要遵循"适度"的原则。如果适度享用,就能得到最大的快乐;如果过度享受,则可能会毁了我们对事物的喜爱!

19 | 沟通——我不是故意的

小獾、小狐狸和小浣熊三个好朋友已经有整整一个星期谁也不搭理谁了。

一个星期前的科学课上,老师带大家比赛摞纸杯,谁的纸杯摞得最高,谁就能获得奖品。

小獾小心翼翼地一个一个往上叠加纸杯,动作慢极了,生怕有一丁点儿抖动,就会把纸杯打翻。最终,他的纸杯摞得有椅子那么高。

小狐狸也不示弱,摞纸杯时大气都不敢喘,生怕喘气重了,会把纸杯吹倒。最终,他的纸杯摞得有桌子那么高。

小浣熊对自己可有信心了,因为他掌握了之前课上老师讲授的诀窍——尽量让下面宽,上面窄,重心都往中间和下面靠。最后,他的纸杯摞得有桌子加上椅子那么高。

小浣熊的杯子是全班摞得最高的,大家都围着小浣熊的作品赞叹不已。小獾也想凑近看一看,结果一不小心,绊到了小狐狸的腿上,没站稳,撞到了小浣熊的杯子上,小浣熊本来摞得最高的杯子顿时散落一地。

小獾站起身,忙对小浣熊说:"对不起,对不起,我不是故意的!"边说边捡被自己撞翻的杯子,想要弥补自己的过失。

小浣熊见自己的劳动成果就这么毁于一旦,心里又难过,又气恼。这个时候他根本就听不进小獾的道歉,气鼓鼓地说:"我看你就是故意的,你就是嫉妒我摞得比你高,我要和你绝交!"他不再听小獾说什么,回到自己的座位上生闷气了。

小獾起先觉得内疚,但是见小浣熊这么不讲道理,他也很生气。他转过头,气鼓鼓地对绊着自己的小狐狸说:

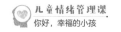

"都怪你，要不是你绊着我，我就不会撞翻小浣熊的杯子，他也不会和我绝交！"

小狐狸也感到很内疚，忙对小獾说："对不起，对不起，我不是故意的，我去向小浣熊解释清楚！"

小獾觉得很委屈，根本就听不进小狐狸的道歉，气鼓鼓地说："我看你就是故意想捉弄我。我知道你打的什么如意算盘，除了小浣熊，你的杯子摞得最高，现在他的杯子倒了，奖品就归你了！我也要和你绝交！"说完，他也不再听小狐狸说什么，回到自己的座位上生闷气了。

小狐狸觉得自己很无辜，嘀咕道："都说了我不是故意的，你还不信。我也不去跟小浣熊解释了，哼！"说完，他也回到自己的座位上生闷气了。

当天一直到放学，他们谁也没理谁。

其实小浣熊第二天就不生气了，他也相信小獾不是故意的，但是不好意思去和小獾说。他想："我昨天非说小獾是故意的，现在去找他，太难为情了，而且他肯定也不会原谅我的。"

小獾第二天也已经不生气了，他也相信小狐狸不是故意的,他能理解当时小浣熊的心情,但也不好意思去找小浣熊和小狐狸。他想:"我去向小浣熊道歉也没用,昨天他很生气,现在肯定不会原谅我的。我昨天非说小狐狸是故意的,现在去找他,太难为情了,而且他肯定也不会理睬我的。"

小狐狸第二天也早就不生气了,但他和两个好朋友一样,也不好意思去找对方。他想:"我去向小獾道歉也没用,昨天他很生气,不肯相信我,我还是不要去自讨没趣了。"

就这样,三个好朋友整整一个星期都没有说话。

河马老师发现他们三个不对劲,于是想了一个好办法。他先找到小浣熊,说:"你想和小狐狸、小獾重新做朋友吗?"小浣熊回答说:"当然想了,可我不知道怎么办。我觉得他们肯定觉得我很小气,不会原谅我。"

河马老师和蔼地说:"我告诉你一个好办法。学校操场边上不是有棵大树吗?中午放学的时候,你从大树的西边走过去,然后对着大树把你想和朋友说的话说出来,你们三个准能和好!"

小浣熊对河马老师的话将信将疑。

到了中午，小浣熊半信半疑地走到那棵要十个人才能环抱的大树下。他对着大树说："小獾对不起，我那天不该说你是故意的，是我太小气了！其实我知道你是不小心的，但我当时太生气了，说的都是气话。我早就不生气了，我想和你和好！"

就在小浣熊说话的同时，大树的另一边也传来了一个声音："小獾对不起，我那天真的不是故意绊到你的，请你一定要相信我！"小浣熊觉得很奇怪，想到大树后面看个究竟。他才走到一半，就看到迎面走来的小狐狸。

这时，大树的另一边又传来一个熟悉的声音："小浣熊，对不起，我那天真的不是故意要撞翻你的杯子，请你

沟通——我不是故意的

一定要相信我！小狐狸,很抱歉,我那天不该说你是故意的,其实我知道你是不小心,我早就不生气了,我想和你们和好！"

三个好朋友就这样和好了。他们突然想到,为什么他们会同时来到大树这里呢？为什么他们都会向大树说出自己的心里话呢？

教学楼上,河马老师站在办公室的玻璃窗前,看到三个好朋友又重新在一起有说有笑,脸上露出了欣慰的笑容。

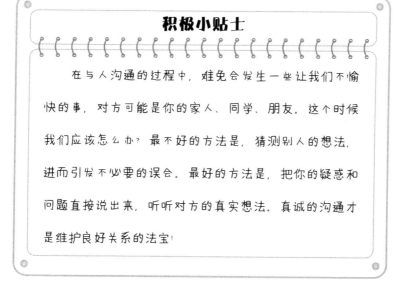

积极小贴士

在与人沟通的过程中,难免会发生一些让我们不愉快的事,对方可能是你的家人、同学、朋友。这个时候我们应该怎么办？最不好的方法是,猜测别人的想法,进而引发不必要的误会。最好的方法是,把你的疑惑和问题直接说出来,听听对方的真实想法。真诚的沟通才是维护良好关系的法宝!

20 | 悲观乐观——谁的功劳

在大森林里，住着一群小精灵。它们每天在草丛中捉迷藏，在花枝上荡秋千，在小溪边打水仗。饿了就吃树叶或地上的青苔，渴了就喝树叶和草叶上的露水，生活过得无忧无虑。

它们虽然过得开心快乐，可是它们的两个守护神却吵开了。

"看看这些可爱的小东西，它们这么幸福快乐，那可都是我的功劳！"乐神自豪地说。

"你的功劳？咱们俩可都是它们的守护神，你怎么能独占功劳呢？"悲神听了乐神的话，十分不满。

"别忘了你是悲神，你只会带来悲观，跟快乐有什么关系？是我让它们这么乐观，它们才能这么开心。我看这里有我一个神就够了，真不知道你有什么用！"乐神的话越来越过分。

"既然你这么说，那你就一个人守护它们吧，我不管了！"悲神被乐神的话气得够呛，找个山洞睡大觉去了。他这一睡，如果不被打扰的话，起码能睡上一百年。

"去吧，去吧，去了你就知道，没有你捣乱，它们会更开心！"乐神对悲神的离开满不在乎。

就这样，乐神开始独自守护小精灵们。

小精灵们在乐神的单独守护下，果然生活中只剩下了乐观，没有一点悲观，于是它们什么事也不担心，确实比以前更加开心快乐。它们就在这种开心快乐中不知不觉过了许多天。直到有一天，事情有点不一样了。

这天早上，一个小精灵刚刚起床，它像往常一样伸了个大大的懒腰，想找一滴露珠喝。它在离自己最近的叶子上看到了一颗露珠，但发现这颗露珠有些异样。今天的露珠不像以前那么晶莹剔透，它抬头看向太阳的方向，感觉太阳光不像以前那么刺眼，森林里好像也比往常暗了一些。其他小精灵也陆陆续续地醒来，大家也纷纷感觉到了异样。

虽然精灵们感觉到哪里不对劲，但是因为有乐神守护着它们，所以它们一点也不担心，完全不在乎天气的变化。它们像往常一样快乐地玩耍：在草丛里捉迷藏，在花枝上荡秋千。对于那些异样的现象，精灵们纷纷乐观地说："没关系，不用担心，明天一定能恢复正常！"乐神对自己的法力很满意，他看向悲神睡觉的山洞，心想："瞧瞧，根本就用不着你！"

第二天，小精灵们起床后，发现太阳光又暗了一些，森林里的阴影也比昨天多，叶片上的露珠比往常冰凉了许多，有些露珠还结成了冰珠。但它们仍然十分乐观，没拿这些现象当回事儿。它们像昨天一样快乐地玩耍，也像昨天一样，纷纷乐观地说："没关系，不用担心，明天一定能恢复正常！"

第三天，事情有些严重了。小精灵们发现，太阳竟然被遮住了一半，因为光线不够，白天的森林变得像黄昏一样昏暗。有一半的露珠都结成了冰珠。乐神也发觉了事情的严重。

但是精灵们依然开心快乐，坚信明天一定会恢复正常。

乐神以前对精灵们这种乐观的心态十分满意，但是现在，他觉得不能再这样下去了。可是他的法力只能带给精灵们乐观的心态，他越是施法，精灵们越是乐观；精灵们越是乐观，就越坚信明天一定会恢复正常。它们这么想，也就没必要为以后的事情担忧，没必要储备食物和水，没必要准备御寒的衣物和巢穴。但是看样子，天气不会在短时间内恢复得像以前一样，甚至还可能越来越冷，如果精灵们不提前做足准备，很快就会被冻死、饿死。

乐神十分着急，这时他想起了悲神。虽然有些难为情，但是为了精灵们免遭灭顶之灾，他也顾不得自己的面子了。乐神向悲神睡觉的山洞走去，打算向悲神道歉，请他出来帮忙。他担心，万一悲神还在生气，不愿意帮忙，那可就糟了。

乐神来到了山洞前。出乎他意料的是，山洞前站着一个身影，正是悲神。原来，悲神一直对精灵们的状态不太放心，总担心可能会有什么不好的事发生，所以他并没有睡觉，每天都会看看外面发生的事情。这段时间天气的变化、精灵们的反应，他早就知道了。悲神并没有跟乐神计较之前的事，不等乐神请求，他就决定出来施法守护小精灵。

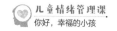

乐神收了法力,悲神开始施法。悲神一施法,悲观的心态占领了上风,小精灵们开始担心起来。但是它们并没有像悲神预料的那样开始筹备过冬,而是纷纷绝望地坐在原地。

"天气再也不会好转了,我们只能等待毁灭!"

"我们准备再多的食物和水也没有用,食物早晚有吃光的一天,水早晚有喝光的一天,到时候还不是一样?"

"我们怎么做也没用,还是不要白费力气了!"

悲神听了精灵们悲观绝望的自言自语,知道问题出在哪里了。他对乐神说:"我一个人的法力也帮不到它们,咱俩必须一起施法才行。"

乐神听了悲神的话,和悲神一起施法。

"我们不能坐以待毙,寒冷、黑暗虽然不可避免,但大家要相信这些总会过去的,只要我们准备充足,一定能战胜即将到来的严寒!"领头的小精灵说。

"不能坐以待毙!""要做好充足的准备!"大家纷纷响应。

精灵们立刻行动起来,有的搭建粮仓,有的储备露水,有的捡来干草垒窝。

乐神看着眼前的情形,对悲神说:"看来咱俩少了谁也不行啊!"

积极小贴士

我们都希望做一个积极乐观的人,但要认识到,悲观并不是积极乐观的反义词。盲目的乐观会让我们忽视潜在的威胁,从而忘记做充分的准备;过度的悲观会让我们对未来感到绝望,从而失去行动的动力。我们既要保持对未来的希望,也要为可能出现的阻碍做足准备,这样才能成功实现我们的目标。

21 | 坚持——小兔子学本领

小兔子想要学会一门特长,好在年底的联欢会上展示。他想起去年联欢会上龙飞凤舞的春联,觉得学书法是个不错的主意。

小兔子来到书法班,路过教室的时候,看到里面有几只和他年龄差不多的兔子正在练习,他们写出来的字挺像那么回事。"只要我认真学,肯定比他们写得好!"小兔子心想。

他来到书法老师办公室,表明自己的来意。老师对他说:"学书法可是很辛苦的,每天都要刻苦练字,还要能静得下心,你能做到吗?"小兔子说:"这有什么?不就是每天写写字吗?我肯定能做到!"

学习书法的第一天,小兔子一直练到手都酸得握不住笔才停下来。老师跟他说不用每天练这么久,学习书法贵在天天坚持,但他听不进去。他看着自己临摹的笔画,觉得满意极了。

学习书法的第二天,小兔子身体不舒服,只练了半天就回家休息了。他心想:"少练半天也没什么关系,我明天加倍练习不就行了?"

学习书法的第三天,小兔子的朋友约他去池塘边玩。他心想:"少练一天也不打紧,以后我每天多练一会儿不就行了?"

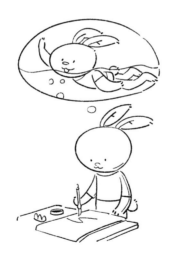

第四天,小兔子没有去练字,而是来到了游泳馆,因为昨天和朋友去池塘边玩,在池塘里看到了游泳的兔子,他心想:"游泳可比书法有意思多了。我还是先学会游泳,再去上书法课吧。"

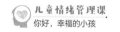

游泳老师对他说:"学游泳可是很辛苦的,要刻苦地练习换气、划水,要不怕累,不怕呛水,你能做到吗?"小兔子说:"这有什么?不就是每天泡在水里吗?我肯定能做到!"

学习游泳的第一天,小兔子练到胳膊抬不起来、腿提不动了才停下来。老师跟他说不用一开始就这么拼命,学习游泳贵在持之以恒,但他听不进去。其他兔子都没有他练习的时间长,他对自己的表现满意极了。

学习游泳的第二天,小兔子太累了,练了半天就爬上了岸。他心想:"少练半天也没什么关系,我明天加倍练习不就行了?"

学习游泳的第三天,小兔子的朋友约他去听音乐会。他心想:"少练一天也不打紧,以后我每天多练一会儿不就行了?"

学习游泳的第四天,小兔子来到练琴房,因为昨天和朋友去听音乐会,他看到台上弹钢琴的兔子,心想:"弹钢琴可比游泳有意思多了。我还是先学会弹钢琴,再接着上游泳课吧。"

钢琴老师对他说："练钢琴可是很辛苦的，要刻苦地练习指法，学习乐理，背乐谱，要不怕枯燥，你能做到吗？"小兔子说："这有什么？不就是每天按按琴键吗？我肯定能做到！"

学习钢琴的第一天，小兔子练到手指头按不动琴键才停下来。老师跟他说贪多嚼不烂，学习钢琴贵在坚持，但他听不进去。他听着按动琴键时发出的声音，觉得动听极了。

学习钢琴的第二天，小兔子练了半天就跑出去休息了。他心想："少练半天也没什么关系，我明天加倍练习不就行了？"

学习钢琴的第三天，小兔子的朋友约他去看武术表演。

他心想："少练一天也不打紧，以后我每天多练一会儿不就行了？"

学习钢琴的第四天，小兔子来到功夫学校，因为昨天和朋友去看武术表演，看到了台上威风凛凛地打拳踢腿的兔子。他心想："练武术可比弹钢琴有意思多了，我还是先学会武术，再接着去上钢琴课吧。"

武术老师对他说："练武术可是很辛苦的，要刻苦地练习压腿、蹲马步，还有其他训练，要不怕累，你能做到吗？"小兔子说："这有什么？不就是踢踢腿、打打拳吗？我肯定能做到！"

坚持——小兔子学本领

学习武术的第一天，小兔子练到腰酸腿疼才停下来。老师跟他说一口吃不成个胖子，学习武术贵在每天坚持，有始有终，但他听不进去。看着镜子里自己做出的动作，他觉得精神极了。

学习武术的第二天，小兔子练了半天就回家睡大觉了。他心想："少练半天也没什么关系，我明天加倍练习不就行了？"

学习武术的第三天，小兔子的朋友约他去打羽毛球。他心想："少练一天也不打紧，以后我每天多练一会儿不就行了？"

学习武术的第四天，小兔子来到了羽毛球馆。接下来的

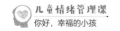

时间,小兔子学习了羽毛球、芭蕾舞、围棋、素描,学的东西可多了,只是每一个项目都没有超过三天。就这样,一年过去了。

一年一度的联欢晚会开始了,首先映入眼帘的是挂在舞台上的春联,上面的字都是当初和小兔子一起学书法的同学写的,写得有模有样,大家纷纷夸赞。

第二个节目是钢琴演奏,表演者是当初和小兔子一起学钢琴的同学,虽然曲子简单了些,但弹得优美动听,演奏结束后,台下观众喝彩不停。

第三个节目是团体武术表演,表演者都是当初和小兔子一起练武术的同学,他们个个英姿飒爽,踢腿摆臂虎虎生风,台下观众连连叫好。

第四个节目是现场采访游泳队,队员都是当初和小兔子一起学游泳的同学,他们在刚刚过去的运动会中拿了冠军,台下的观众都竖起了大拇指。

就在大家都兴高采烈地欣赏多姿多彩的节目时,有一名观众却低着头默不作声,没有心情看表演。这个观众就是小兔子。看着台上同学们的精彩表演,小兔子后悔极了。

坚持——小兔子学本领

"我当初要是坚持练习书法就好了！"

"我当初要是坚持练习游泳就好了！"

"我当初要是坚持练习钢琴就好了！"

"我当初要是坚持练习武术就好了！"

他在心里暗暗下定决心，新的一年一定要学会一项本领，而且只学一项本领！

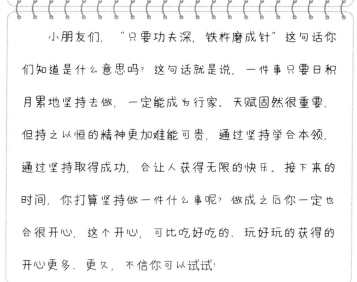

积极小贴士

小朋友们，"只要功夫深，铁杵磨成针"这句话你们知道是什么意思吗？这句话就是说，一件事只要日积月累地坚持去做，一定能成为行家。天赋固然很重要，但持之以恒的精神更加难能可贵，通过坚持学会本领，通过坚持取得成功，会让人获得无限的快乐。接下来的时间，你打算坚持做一件什么事呢？做成之后你一定也会很开心，这个开心，可比吃好吃的、玩好玩的获得的开心更多、更久，不信你可以试试！

22 | 幸福盾牌——不开心了怎么办

小驴最近遇到了一件烦心事，让他怎么也开心不起来。他本来是一头拉磨的小毛驴，每天的工作就是围着磨盘转圈。虽然这份工作既辛苦又单调，但是小驴干得很开心。每次看着被磨得细细的面粉从磨盘上被装进袋子里，他都觉得自己真是太了不起了。每次拉磨，他都会一边转圈，一边快乐地歌唱："我是一头小毛驴，我拉磨转圈心欢喜，麦子磨成细面粉，送到千家万户去！"他觉得自己的歌声动听极了。

直到有一天，农场来了新家伙——一台电动磨面机，小驴失业了。

小驴已经在家里愁眉苦脸地躺了整整一个星期，他没办法提起心情出去散心，也打不起精神去寻找新工作。他自己也知道这样下去可不是办法，决定想个主意，让自己重新振作起来。

小马知道了小驴的遭遇,来看望小驴。

"我真没出息,只是丢了一份工作,就这么沮丧,可是我也没办法控制自己。"小驴对小马说。

"这不是没出息,遭遇了不幸的事,谁都会沮丧。这只能说明你很正常!"小马安慰道。

"真的吗?那你也遇到过这种情况吗?"小驴问。

"当然有过。有一次赛马比赛,我因为被场边的声响吓了一跳,结果撞到了围栏上,那也让我沮丧了好一阵儿呢。不只是我,小牛和小羊都有过这样的经历。"小马说。

"那你是怎么让自己开心起来的?"小驴期待地问。

"我跑到山顶上待了半天,一边吹着风,一边看风景,心情就好起来了,就又有动力去训练了!"小马说。

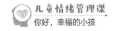

"好,就去山顶!"小马刚说完,小驴就跳了起来,一溜烟朝山顶跑去,留下目瞪口呆的小马。

到了山顶,小驴等着心情好起来。

"风好大,好冷!"

小驴被风吹得直打哆嗦,于是它想学小马,看看风景。谁知小驴一眼就看到了山脚的农场,勾起了他的伤心事,这让他更沮丧了。

"不行,这个办法对我不管用,我还是去问问小牛吧。"小驴一边自言自语,一边哆哆嗦嗦地下山,朝着小牛家的方向走去。

"我有一次跟别人顶牛,结果一不小心滑倒了,这让我沮丧了好一阵儿呢!"小牛说。

"那你是怎么让自己开心起来的?"小驴期待地问。

"我到山脚下的小树林,对着最粗壮的大树一通撞,最后撞得大汗淋漓,不开心的感觉就烟消云散了!"小牛回忆道。

"好,就去小树林!"小牛刚说完,小驴就迫不及待地向小树林跑去。

来到小树林，小驴找到了那棵最粗壮的大树，上面还留着小牛上次撞击时留下的痕迹。小驴摆好姿势，前腿弓，后腿蹬，径直朝大树撞去。

"砰"的一声响，大树纹丝不动，小驴却一屁股坐在了地上，满眼冒金星，缓了好一阵才站起来。

"不行，这个办法对我不管用。我还是去问问小羊吧！"小驴一边揉着脑袋，一边晃晃悠悠地朝小羊家走去。

"有一次我去市集卖羊毛，不小心把装羊毛的袋子打翻了，谁知恰好刮了一阵风，把羊毛吹得满天飞。最后我一分钱也没赚到，羊毛还没了。回家后我沮丧了好一阵儿呢。"小羊说。

"那你是怎么让自己开心起来的？"小驴期待地问。

"我就是闲得无聊，翻看相册，看到相册里我在农场剪羊毛的照片，于是意识到，我的羊毛还会再长出来，然后就没那么沮丧了。"小羊回忆道。

"好，就去翻相册！"小羊刚说完，小驴就着急忙慌地往家跑。

到了家，小驴找出相册，翻到自己以前在农场拉磨的照片。看着照片,他想:"我以前拉磨时多开心啊。我以后……再也不能拉磨了。"小驴越想越沮丧,竟然哭了起来。他边哭边往外面跑,跑过了小马的家,跑过了小牛的家,也跑过了小羊的家。小驴边跑边说:"你们的方法都不管用,我就是开心不起来!"

他一直跑一直跑,直到跑到了山脚下的小河边,离河不远处有个大泥坑,他一不小心滑倒,躺在了泥坑里。他心想:"起来也没用,我就在坑里躺着吧!"于是索性在泥坑里打起滚来。

小驴在泥坑里滚来滚去,被太阳晒得暖烘烘的湿泥裹在他身上,他忽然觉得舒服极了,同时他也想起小时候和

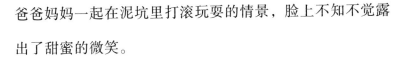

爸爸妈妈一起在泥坑里打滚玩耍的情景,脸上不知不觉露出了甜蜜的微笑。

就这样,小驴在舒适的泥坑里做着美梦睡着了。他梦到自己把泥巴涂到妈妈的背上,梦到和爸爸一起用泥巴互相画鬼脸,他还听到爸爸妈妈叫他:"小驴,小驴!"

小驴张开眼,眼前不是爸爸妈妈,而是小马、小牛和小羊。原来刚才都是自己做的梦。

"刚才你边哭边跑,吓死我们了。"小马说。

"是呀,你不知道我们多担心你!"小牛说。

"我一猜你就是来这里了。我记得你最喜欢在泥坑里打滚了。"小羊说。

"咦?发生什么事了?"小马、小牛和小羊突然齐声说。

"怎么了?我有什么不一样吗?"小驴忙往自己身上看,除了到处糊着泥巴,脏兮兮的,没什么异样啊。

"不是身上,是脸上。你怎么笑嘻嘻的?你不沮丧了?你又开心起来了?"大家问。

"是吗?我又开心起来了?对啊,我现在好像不那么沮丧了。没错,我很幸福,有关心我的朋友,有爱我的爸爸妈妈,还有舒适的泥坑躺!"说着,小驴又往后一倒,躺回了泥坑里,溅得三个好朋友满身泥巴。

积极小贴士

小朋友们,我们都会遇到一些让自己伤心难过的事情,可能是心爱的玩具坏了,也可能是被大人批评了。这时,沮丧是很正常的。要让自己开心起来,大家可以画一面属于自己的"开心盾牌",上面写上你喜欢做的事,你觉得舒服的地方,再记录和家人、朋友们的开心瞬间。下次不开心的时候,你不妨试着做那些让你开心的事,或待在那个让你觉得舒服的地方,回想那些让你开心的瞬间,相信你一定能快速摆脱坏心情!

感恩卡片

今天在你身上发生了什么好事？你想要感谢谁？快来写下吧！

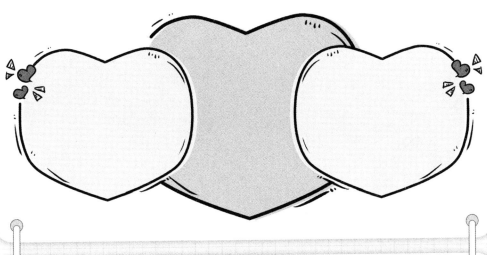

幸福盾牌

哪些事做了会让你觉得开心？写在上面，下次不开心的时候可以尝试做一下！

幸福盾牌

哪些好吃的你最爱？写在上面，下次不开心的时候，可以尝一尝！

幸福盾牌

你有哪些开心的事情？写在上面，下次不开心的时候，尝试回忆一下吧！

目标卡片

你想实现什么样的目标？你觉得会遇到哪些障碍？写在上面，然后快来想想，怎么才能克服这些障碍！

接纳卡片

你认为自己有哪些优点？别人认为你有什么优点？快来写下来，多多发挥自己的优势！

接纳卡片

你有哪些不足之处？请写下来，然后想一想，怎样才能克服它们？可以和上面的目标卡片一同使用哦。

接纳卡片

每个人都是与众不同的，你和别人的不同之处是什么？写下来，想一想这些特点给你带来了什么好处？

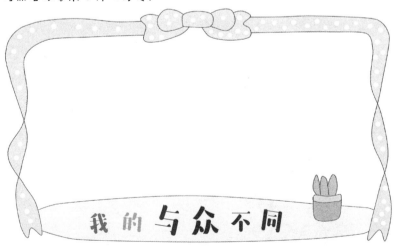

也可以用你自己的画笔，画出自己喜欢的图案，来制作自己的幸福卡片！

让孩子亲近书，爱上阅读，
是父母送给孩子最珍贵的礼物。